Codes of Baby Language

U0313375

王慎明(Grace) 编著

成都时代出版社

你读懂宝宝的婴语了吗？

Do You Understand Baby Signs?

宝宝笑了、拉了、哭了、皱眉了……

爸妈着急了。

"为什么我越小心呵护他哭得越厉害呢？"

"他是饿了还是拉了？"

"他吃饱喝足了怎么还在哭？"

"为什么他晚上睡觉这样不安稳？我该怎么办？"

…………

无数的"为什么"、"怎么办"像滚雪球一样急速增加，考验着尚沉浸在初为人父母喜悦中的爸爸妈妈们，从欢喜中醒来之后便是手足无措的忙乱。原本和谐的生活被这个小生命彻底打乱，喂奶、换尿布、安抚睡觉等琐事占据了父母们所有的时间，结果还不一定能处理好。

"我真是心力憔悴！"——新妈妈如是说。

"我开始怀疑自己能否当个好爸爸，这太难了！"——新爸爸懊恼地叹气。

"要是能知道小家伙在想些什么就好了，我们就不会这么茫然失措。"爸爸妈妈共同感慨。

这确实是一件很伤脑筋的事。那么，该怎样走出这个困境呢？

初生的小宝宝还不会用语言与父母交流，只能通过行为、表情、声音等来引起父母的关注。小宝贝的这种特有的"语言"就是"婴语"。

婴语不仅是婴儿与外界交流的方式和途径，同时也是婴儿表达需求和生理状况的一种自我保护能力。读懂宝宝，掌握正确的"婴语"知识，不仅能让新手爸妈育儿更轻松，也有利于宝宝的身体与心理发育。

在国外，"婴语"育儿早已经是一门成熟的专业，但在中国，这个概念还比较新鲜。其实，宝宝从出生那刻起，就有了对周遭事物产生条件反射的表现：嘟嘟嘴、皱皱眉、摆摆头、蹬蹬腿……从表情到动作，再到逐渐学会"咿咿呀呀"地发声，这些都是宝宝表达情感和需求的信号。然而，对于初为人父母的人来说，要完全理解宝宝的婴语还存在一定难度，有时候爸爸妈妈理解的意思，往往与宝宝的意愿风马牛不相及。

不过，爸爸妈妈别着急，世界上任何东西都有攻略，宝宝的语言世界也是如此。

本书将带领新手爸妈对宝宝的各种表情与行为进行深入的研究与解析，帮助解答新手父母的育儿困惑，为宝宝的成长发育提供科学的理论基础与实用指南。爸爸妈妈们请相信，只要多跟宝宝沟通，多给宝宝一些耐心和关注，及时回应宝宝发出的信号，每个人都可以成为"婴语专家"。所以，新爸妈们，从现在开始多学习一些婴语，准确解读宝宝的语言，让你的宝宝做个快乐的小天使吧！

目录Contents

PART 3　牙牙学语新阶段——声音和语言的发育 75
New Stage—Learning to Speak

PART 4　成长的秘密——宝宝的身体会说话 117
Growing Secrets—The Growing Body Talks!

The First Time
When Baby "Talks"

PART 1

新生儿宝宝婴语初体验

期待已久的小宝贝终于与爸爸妈妈见面了,

他时而哭,时而笑,时而手舞足蹈……

他的一举一动都备受关注。

新爸爸妈妈们迫切地想要跟这个小天使进行交流,

可是,面对一个只会用哭笑表达情感的小宝宝,

怎样才能"无障碍沟通"?

一、新生宝宝的新奇表现

Curious Baby's Behaviour

刚出生的小宝贝是什么样的呢？他的脸蛋红红的，双眼迷蒙、似睁非睁，时而撇撇嘴，时而皱皱眉……对于新手爸妈们来说，这完全是一个新奇的小宝贝！

红脸小天使

新生儿皮肤较薄，一般呈粉红色。出生的头几天可能会出现皮肤红斑，这些斑块非常显眼，遍布全身，以头面部和躯干为主，如眼皮、颈背、额头中间等。新生儿红斑可以自行消退，对健康无碍，不需要特别处理。

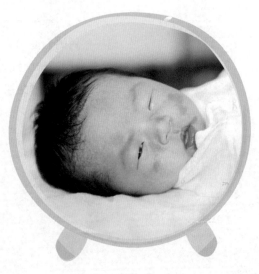

除此之外，新生儿脸上还会分布一些白色的小颗粒，尤其在鼻子部位。这是由于皮肤毛孔被分泌物堵塞，引起的"粟粒疹"。这种现象也很正常，几个月后便会完全消退。

● 突然脸红是怎么啦？

正在吃奶的宝宝，脸突然"刷"的一下变得通红，还伴随着皱眉撇嘴，然后从脸部发红到眼眶发红，目光呆滞，身体趋于僵硬——宝宝这是怎么了？

别着急，这是宝宝大便来袭的正常反应。

宝宝大便来时，因为用力，小脸涨得通红，小手紧握成拳，双臂夹紧身体，全身上下因为紧绷而别扭，此时新手爸妈如果及时发现并立即行动，很容易就能把住宝宝的便便，长此以往，形成规律就更好把握了。相反，如果错过了这个"脸红"的机会，等到宝宝脸上的红晕散去，紧绷的身体松懈下来时，宝宝往往已经拉出来了。此时，他可能会因为小屁屁不舒服而开始"哇哇"大哭了。

如果宝宝已经开始用力排泄了，妈妈不宜再强行抱起宝宝把便便，这样会干扰宝宝正常的排泄，半途而废的便意不知何时再来，从而让宝宝形成不良的排泄习惯。

有研究表明，当小宝宝突然安静下来，嘟着嘴或咧嘴时，多半是要尿了。

这其中，男宝宝通常用嘟嘴来暗示，而女宝宝则多用咧嘴或"咬牙切齿"来"发泄"。这是因为对于小宝宝们来说，即使是小便也是一项重大的工程，需要集中精神，花费巨大的力气才能完成。

妈妈要仔细留意宝宝的这种反应，及时给宝宝更换干净的尿布，这样宝宝才会睡得更舒服。

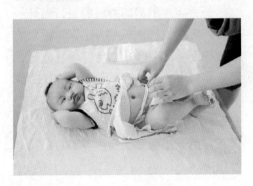
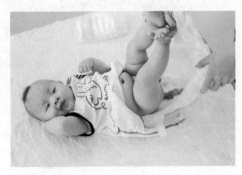

●闭着眼睛嘟着嘴转向妈妈——妈妈，我饿了

宝宝天生就有寻找妈妈乳头的能力，当他饿了的时候，会下意识地嘟着嘴巴转向妈妈的方向，寻找熟悉的味道，然后"咕噜咕噜"大吃。妈妈不要惊异，即使在没有开灯的情况下，宝宝也能找准位置哦！

无意识的笑

刚出生不久的宝宝在睡梦中竟然咧开嘴笑了，这让妈妈万分激动。这么小的宝宝就会笑么？事实上，宝宝一般得到两三个月才能学会笑。而新生宝宝的这种表情被称为"无意识的笑"，属于脸部肌肉的一种正常活动，与成人所理解的笑容不同。但也有专家认为，即使是无意识的笑，也是因为宝宝身体感受到愉悦才绽放的，在宝宝不舒服或感觉糟糕的时候是很难看见这种笑容的。

但不管怎样，这都是第一个让父母感动的天使般的微笑！

迷蒙的双眼

新生宝宝的眼睛肿肿的，只张开一条缝，宝宝这样眯眼是为了保护娇嫩的双眼不受强光刺激。当宝宝睁开眼时，可能会好奇地到处看，但因为分娩时受到挤压，许多新生宝宝的眼睛里都有可能暂时充血，出现一团团的红血丝，这是正常的，不久后便会恢复正常，父母不用担心。

●眼睛流黄泪可能是输泪管堵塞

在宝宝出生的头几周或者一两个月内，妈妈可能会看到宝宝的眼睛里流出黄色、黏稠的分泌物，这通常是由于输泪管堵塞引起的。分娩时，小宝宝输泪管通往鼻子末端的地方有时候会被一层薄膜所覆盖，大部分的宝宝出生后薄膜便会被打通，以便泪液流通，也有少数宝宝这层薄膜没有完全被打通，导致输泪管堵塞，泪液积聚在眼睛里。如果这些泪液没有及时排出的话就很容易感染，一旦感染，便形成黄色的黏稠物。

输泪管堵塞的情况时有发生，一般情况下可以不用特别治疗，自然会改善，通常等到宝宝六个月后输泪管就能保持完全畅通。如果有极少数宝宝感染严重，影响睁眼的话，则应立即送医院诊治。

面部表情出怪相

新生儿经常会露出一些令妈妈难以理解的怪表情，如皱眉、咧嘴、空吸吮、咂嘴、搐鼻等，新妈妈没有经验，总担心宝宝是不是有什么问题。其实这是新生儿的正常表情，与疾病无关。但如果宝宝长时间重复一种表情动作时，就应该及时看医生了，以排除抽搐的可能。

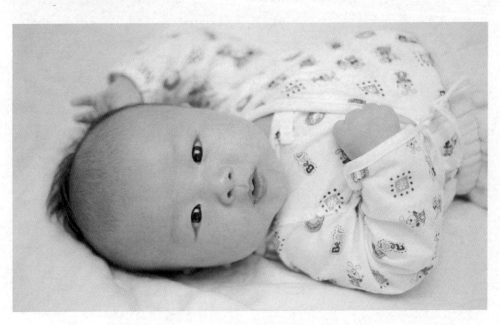

肢体抖动

　　妈妈和宝宝终于在病房安顿下来了，心满意足的新手爸妈们眼都舍不得眨一下，盯着睡梦中的宝宝看不够。这一看却发现"问题"了，明明在沉睡中的小宝贝只要周围稍有点响动，身体就受惊似的跟着一抖，宝宝一抖，爸妈的心也跟着一抖，宝宝这是怎么了？

　　其实，新生儿出现下颌或肢体抖动的现象属于正常的生理反应。这是因为新生儿的神经发育尚未完善，对外界的刺激容易作出泛化反应，只要听到外来的声响时便会反射性地全身一抖，四肢张开，呈拥抱状。面对宝宝的这种反应，父母着实不需太过操心，顺其自然就好，等宝宝大些了自然就好了，更不用为了减少宝宝的抖动而将宝宝置于完全安静的环境中。

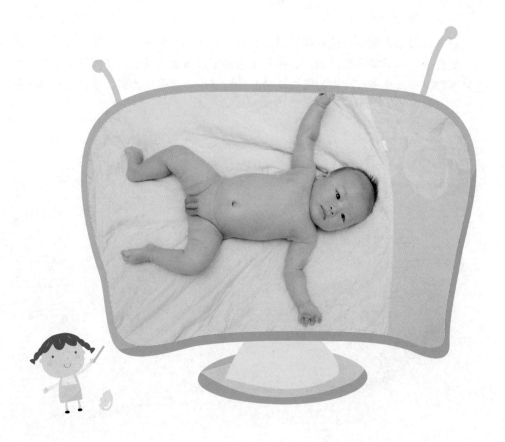

●宝宝快睡醒时总是在使劲，这是哪里不舒服吗?

经常有妈妈问，宝宝快睡醒时，总是使劲，有时憋得满脸通红，是不是哪里不舒服啊?

妈妈别担心，宝宝没有不舒服，相反，他很舒服，这是宝宝在伸懒腰呢。新生宝宝肢体动作发育尚不成熟，伸懒腰时更多表现在脸部憋气上。妈妈们千万不要大惊小怪，不要把宝宝紧紧抱住，生怕宝宝受惊，或带宝宝去医院。

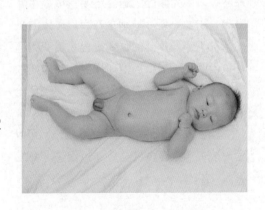

呼吸有杂音

仔细观察新生宝宝，会发现他的呼吸方式是很不规律的，呼吸节奏长短不一，时快时慢，有时甚至会停顿10~15秒，这让爸爸妈妈非常担心。其实，这种不规律的呼吸方式在出生后头几周内是非常正常的。这是由于新生儿中枢神经系统发育不成熟引起的。

除此之外，有的新生儿喘气时喉咙"呼噜"作响，像积了痰一样，有的父母担心孩子是不是感冒了，得了气管炎、肺炎。其实，新生儿呼吸嘈杂是因为喉软骨软化发育还不完善引起的，爸爸妈妈不必过于担心。

青蛙似的四肢

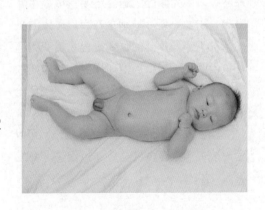

刚出生的宝宝手、脚都是弯着的，像青蛙一样向内蜷曲着。这是因为宝宝习惯保持着在妈妈子宫里的姿势。

●新生儿采用哪种睡姿更好？

新生儿应该仰着睡（仰卧）、侧着睡（侧卧），还是趴着（俯卧）睡？哪种睡姿更好呢？

睡姿	优点	缺点	危险程度
仰卧	最安全，牙齿可按原有位置生长	容易把头睡扁，睡觉时比较缺乏安全感	★
侧卧	不容易把头睡扁，还能降低宝宝溢奶、吐奶的概率	宝宝睡时容易翻身，变成俯卧，比较容易导致猝死	★★★
俯卧	头不容易睡扁，前3~6个月可使宝宝的上半身得到很好的锻炼，且宝宝能获得一定的安全感	宝宝牙齿的生长空间不足，比较容易导致猝死	★★★★★

可以看出，新生儿采取仰卧的睡姿最合适。因为俯卧的睡姿容易造成新生儿窒息，引发猝死，特别是在旁边无人看护的情况下；而侧卧的睡姿很容易转变为俯卧，因此也不提倡。但如果宝宝有溢奶的现象，要马上把他变为侧卧睡姿，以免呛奶引起窒息。

当然，平时在有人照看的情况下，可以适时改变宝宝睡觉的姿势，以促进全身发育。

二、"麻烦"专家在我家

The Trouble-Making Expert

宝宝降临的新鲜感一过,"麻烦"来了:

他为什么总是哭?他刚吃了难道又饿了?

天哪!他的尿怎么是红色的?……

宝宝层出不穷的"麻烦"整得新手爸妈焦头烂额,有没有什么秘诀来解决这些麻烦事呢?当然有,一切从了解宝宝真正的需求开始。

为什么宝宝一天到晚都在哭?

● 新生儿用哭来传情达意

宝宝从母体里分离出来后,第一声啼哭无异于天籁之音,这是小天使在向世人宣布:"我出生了!"

整个新生儿时期,宝宝都在哭,因为此阶段哭就是宝宝的语言,新妈妈要学会听懂这种特殊的语言,从而给予宝宝及时、正确的回应。

总的来说,新生儿的哭声传达着以下各种不同的信息。

我健康,所以我哭泣

宝宝吃饱喝足、换了干净的尿布了,正精神勃发呢,转眼却抑扬顿挫地哭起来——妈妈别慌,这是宝宝的正常啼哭,他是在告诉你他很健康。

新生儿的正常啼哭一般每天有四五次，累计可达两小时，这种哭声响亮、不刺耳，节奏感强，无泪液流出，且时间较短，哭过之后也不影响宝宝的睡眠、食欲及玩耍。此时妈妈如果及时轻轻抚摸宝宝，朝他笑笑，轻柔地与他交谈一会儿，或把他的两只小手放在腹部摇两下，宝宝就会停止哭泣。

我饿了，妈妈快来喂我

在最初的三周，大部分健康新生儿哭泣是因为饥饿。这种哭声带有乞求，不急不缓，由小变大，很有节奏。宝宝一般先急促地哭上一声，然后停顿一小会儿，再哭上一声，仿佛在告诉妈妈"我饿——我饿——"。此时妈妈如果用手指轻碰宝宝的嘴角，宝宝会立即转过头来，并有吸吮的动作。但妈妈若不马上喂宝宝，满足宝宝的需求，宝宝会哭得更厉害。相反，只要一喂奶，宝宝的哭声就会停止。

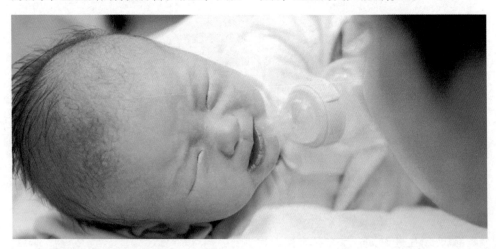

尿布脏了，好难受

一般情况下，小宝宝睡醒时妈妈都会检查一下尿布，看有没有尿湿。大部分小宝宝会在第一时间向妈妈表达臀部的不适。要拉便便的宝宝常常哼哼唧唧地啼哭，声音不大，没有眼泪但很烦躁，伴随两脚乱蹬。只要给他换了干净的尿布，他就会马上安静下来。

突然哭声长而响——消化不良

如果宝宝发出突然长而响的哭声时，有可能是因为消化不良，引起了胀气。宝宝出现胀气时，最明显的症状就是肚子鼓鼓的，而且敲他肚子时，会有"咚咚咚"的声音出现。胀气通常分为肠胀气与胃胀气。如果是"胃胀气"，轻压腹部一会儿便会排气。

消除胀气的方法为用手掌绕着宝宝的肚脐作顺时针按摩，可配合抹上薄荷油，刺激肠胃蠕动。按摩后盖上湿毛巾，温敷5～10分钟。

1岁以内的宝宝较易胀气，如果没有出现其他问题，大便正常、吃得下、活力佳，就不必担心；如果胀气排除却仍不适，就必须就医。

或尖厉刺耳，或有气无力——我不舒服，好难受

由患病引起的啼哭最令父母不安，这种哭声有的尖厉刺耳，仿佛哪里非常疼痛，有时却有气无力，显得异常虚弱。父母最难识别这种啼哭，因为不知道宝宝到底是患了什么病。所以，如果发现新生儿啼哭，精神萎靡，且伴有发烧、呕吐、惊厥、多汗甚至抽搐等症状，肯定是患病的先兆，应立即送医院就诊。

尿尿和便便

●宝宝尿出红尿该怎么办？

刚出生头几周，宝宝的尿液非常淡，像水一样，也没有什么异味。但有时新妈妈可能会发现，宝宝尿布上出现红色的斑点，像血一样，这让爸爸妈妈们非常担心。其实这些红斑是尿酸盐引起的。新生儿白细胞分解较多，造成尿酸盐排泄增多，因此尿液看起来红红的。这不是病态，几天后这种现象便会自行消失。

●一天拉七八次，是拉肚子么？

刚出生的宝宝一天拉了七八次，且每次拉出来的便便又稠又黑，妈妈担心得不得了！

妈妈不用担心，宝宝这是在排出胎便呢！新生儿会在出生后的24小时内首次排出胎便。胎便黏稠、呈墨绿色甚至黑色，由婴儿肠子里未消化的羊水残留物组成。

胎便一般会排两三天，母乳喂养的宝宝每天多的时候可拉10次，这是因为新生儿每2~3个小时就要喝一次奶，而新生儿的肠胃是直肠反射，频繁地喝奶自然使得排便次数居高不下了。

总之，只要宝宝本身精神好，无异常表现就没问题。等胎便排完后便会逐渐过渡到正常新生儿大便。新生儿正常大便呈金黄色、黏稠、均匀、有小颗粒、无特殊臭味。

宝宝吐奶怎么办？

宝宝每次吃完奶都要吐出一两口，这是怎么回事？

许多新生儿吃完奶后，会顺着嘴角溢出一部分来，俗称"吐奶"。其实用"吐"来形容并不准确，许多宝宝只是溢出一两口奶，很少有呈喷射状吐出大量奶液的情况。

新生儿容易溢奶是因为他们的胃体呈水平位，胃容量小，胃入口处的贲门括约肌松弛，而出口处的幽门处肌肉却相对紧张，因此进入胃部的奶液不易通过幽门流向肠道，反而容易回流，并通过贲门溢入口中。生理性溢奶不需治疗，随着宝宝月龄增加这种现象会自然减轻或消失。但需要注意的是，溢奶时应尽量让宝宝侧躺，以免奶液呛进气管。

以下几招可以有效减少溢奶。

※喂完奶后不要马上将宝宝放下平躺，可竖抱，轻拍其背，直到打嗝再放下。

※采用正确的喂奶姿势，减少宝宝吃奶时空气的吸入。

※母乳喂养时如奶量太大，妈妈要用食指和中指呈剪刀状夹住乳房，以抑制奶流速度，因为宝宝吃太急也容易溢奶。

※喂奶前换尿布，吃完奶后尽量不让宝宝做幅度大的动作。

打嗝的秘密？

宝宝出生两个月了，吃得香，睡得香，长得快，人见人爱！可是宝宝常常会突然打嗝，有时在喂奶后，有时在醒来不久，毫无规律。看着宝宝一顿一顿的样子，妈妈不由得担心：老打嗝肯定很不舒服吧！

● 为什么会打嗝？

宝宝打嗝是由于横膈膜肌肉突然的强力收缩造成的，同时还会伴随不自主的"嗝"声。这种情形很常见，一般会在短时间内停止。小宝宝还在妈妈肚子里的时候就会打嗝了，但最常发生频繁打嗝的是新生儿期的宝宝。打嗝对宝宝是无害的，长大些会自然缓解，通常在宝宝1岁以后就会改善。与大孩子比较，大部分的小宝宝不会感到任何的不适，除非连续过长的打嗝，才会干扰到饮食等正常生活。宝宝常见的打嗝原因主要有以下几种。

※宝宝因哭闹或喂食时吃得太急，吞入大量的空气引起打嗝。

※肚子受寒，或是吃到生冷食物等也会出现打嗝症状。

※与胃食道逆流及疾病，如肺炎有关，或与对药物的不良反应有关，但这种情形较少见。

●打嗝可以预防吗？

宝宝打嗝绝大多数不是病，父母无需过于担心、惊慌，甚至要送医院治疗，通常等宝宝长大些就会自然好转，一般不会造成后遗症。不过父母在照顾宝宝时，多留心以下几点，可以减少宝宝打嗝的概率。

喂奶后让宝宝直立靠在大人的肩上，手掌虚空轻拍宝宝背部帮助其排气，且半小时内不让宝宝平躺。

※在安静的状态与环境下喂食宝宝，切记不要在宝宝过度饥饿或哭得很凶的时候喂奶。

※喂奶姿势要正确，进食时也要避免太急、太快、过冷、过烫，宝宝4个月大后可添加米粉或麦粉以增加奶的黏稠度，防止打嗝。

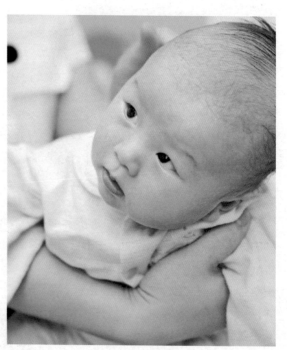

※在宝宝打嗝时可用玩具或轻柔的音乐，来转移、吸引宝宝的注意力，以减少打嗝的频率。

※让宝宝在喝奶的中途休息一下，竖抱宝宝，轻轻地拍他的背排气，打完了饱嗝可避免其连续打嗝。

Tips：注意宝宝喝奶的姿势

不论宝宝是直接吸吮乳房还是用奶瓶哺喂，在一吸一吐之间，究竟会将多少空气吸到肚子里，吃奶的姿势和速度都非常关键。因此，如何让宝宝以正确的姿势吃奶相当重要。母乳喂养的宝宝，妈妈务必仔细学习各种哺乳姿势，在每次喂奶前先把姿势调整好，再让宝宝开始吸吮；奶瓶喂养时不论抱着宝宝吃奶，还是让宝宝靠着其他物体吃奶，注意头高身体低的姿势，而且奶瓶需保持一定的倾斜角度。

●正确的拍嗝方法

拍嗝是防止宝宝打嗝的一大法宝，但妈妈在给宝宝拍嗝的时候也要注意方法，否则难以取得预期的效果。

手部姿势

五根手指头并拢靠紧，手心弯曲如同握着个苹果，拍在宝宝背上时不要漏气。拍的力量应该既能引起振动，又不会让宝宝感觉疼痛。

多次拍打

每一餐可分2~3次来拍嗝，不要等宝宝全部喝完才拍。遇到容易胀气、溢奶、吐奶或宝宝很饿的时候，在开始喂食后不久就要先帮他拍嗝，这样可有效避免胀气或吐奶。

常见拍嗝姿势

竖抱式

妈妈（或爸爸）将宝宝尽量直立抱着靠在肩膀上，以手部及身体的力量将宝宝轻轻扣住，再以手掌轻拍宝宝的上背部即可。

坐抱式

让宝宝脸朝外，坐在妈妈（或爸爸）一侧的大腿上，妈妈（或爸爸）一只手托住宝宝的头、下巴或腋下，另一只手轻拍宝宝的上背部即可。

可在自己肩上垫上小毛巾，防止宝宝溢奶、吐奶，但是要注意不能遮住宝宝的口鼻。在试过几次之后，如果宝宝还是没有打嗝，可将宝宝换到另一侧肩膀再继续拍。

侧趴式

妈妈坐好，双腿合拢，将宝宝横放，让其侧趴在腿上，宝宝头部略朝下。妈妈以一只手扶住宝宝下半身，另一只手轻拍宝宝上背部即可。

此姿势更适合年龄较小的宝宝，为了防止宝宝滑落，要适当用力把宝宝身体固定在妈妈大腿上。

老是鼻塞、打喷嚏，是感冒了么？

新生儿鼻塞不一定就是感冒。新生儿的鼻腔狭小，在鼻黏膜水肿或有分泌物阻塞时特别容易发生鼻塞。如果房间温度太低，宝宝鼻塞的症状会更明显。不用担心，对于大多数宝宝来说，这些鼻塞的情况是由于生理结构引起的，不是病。

有的宝宝还常流出少量的鼻涕，干燥后成了鼻屎，颜色呈淡黄色，这也是属于正常情况。有时宝宝还出现类似打鼾的声音，白天晚上都有可能，这种状况要到婴儿两个月后才逐渐改善。

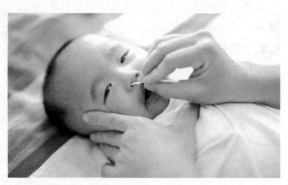

宝宝如果鼻塞，可能会整晚睡不好，因此要时常替宝宝清洁鼻子，才会使他呼吸顺畅，也就不会发出打鼾的声音。

● 宝宝频繁打喷嚏 小心周围有过敏源

原本健康的宝宝一到街上就猛打喷嚏，还不停地揉眼睛、抠鼻子、流鼻涕——爸爸妈妈要小心了，宝宝可能是过敏了。如果发现宝宝开始连续打喷嚏，一定要马上带宝宝离开当前的环境，因为很可能周围有过敏源。

过敏是一种严重危害儿童健康的慢性疾病，不论是胃肠症状(6个月内高发)、湿疹(1~3岁高发)、气喘(3岁以后高发)，还是过敏性鼻炎(7~15岁以后高发)，都应积极预防，尽早诊断，尽早治疗。

三、能力发育与早教交流

新生儿天生就具有与外界交流的能力。宝宝与妈妈对视，是交流的开始。当妈妈说话时，正在吃奶的宝宝会暂时停止吸吮，或减慢吸吮频率，听妈妈说话，别人说话他就不理会了。当宝宝哭闹时，爸爸妈妈把他抱在怀里，用亲切的语言和他说话，用疼爱的眼神和他对视，宝宝会安静下来，还可能对爸爸妈妈报以微笑，让爸爸妈妈更加疼爱自己。因此，爸爸妈妈要尽早关注并培养宝宝的情感、认知、社会活动等能力，帮助宝宝更快地认识与了解这个世界。

新生宝宝能力发育

● 新生儿反射

在生命的第一周，婴儿的身体活动主要是反射，例如当妈妈将手指放入他的口腔时，他会反射性吸吮；在面对强光时，他会紧闭眼睛等。新生儿出现这些反射动作，代表了他的高层神经系统逐渐成熟，进而发展出日后的平衡感、手眼协调、感觉综合及自我保护系统，以应付这个世界越来越大的挑战。

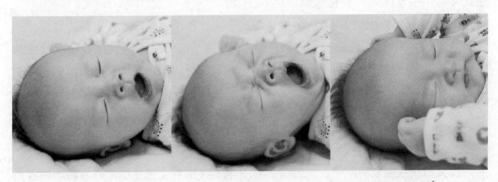

下面是一些在最初几周内可以观察到的新生儿反射。

觅食反射

当新生儿的面颊接触到妈妈的乳房或其他部位时，就会把头转向刺激的方向，一直到嘴唇搜索接触到可吸吮的东西为止。用手指轻抚宝宝面颊时，他也会把头转向手指的方向，手指移到哪儿，头就转向哪儿。肚子饿时更易诱发觅食反射，这种反射从胎儿时期（24～28周）就已出现，大约1个月后消失，此后逐渐变为由神经控制的动作。

吸吮反射

当有人碰触宝宝的嘴巴时，宝宝会有吸吮嘴里东西的反应。因为有这种反射，所以宝宝刚出生就能顺利吸吮妈妈的乳头。这种反射从出生就出现，即使睡着也能诱发。这些技巧对婴儿的生存很重要。3～4个月这种反射现象便消失。过一阵子之后，宝宝就会开始吸吮自己的手指或脚趾。

惊吓反射

突如其来的声响，或突然将宝宝的头往后方落下，宝宝两手臂会先伸直且外展，手掌张开，脊柱与躯干也伸直；之后手臂弯曲呈拥抱状，手掌也握起拳头，整个人像吓了一大跳的样子，通常会伴随着大哭的情况，这就是惊吓反射。宝宝三四个月大时，这种状况就会消失。如果出生后暂时消失可能暗示大脑损伤。要注意的是，此反射如果两侧不对称出现，可能暗示有锁骨或肱骨骨折、臂神经丛受伤、或大脑因出血或缺氧受伤引起的偏瘫。

踏步反射

当父母扶住宝宝的腋下，让宝宝的脚着地，宝宝就会自然地左右左右地往前踏出行走，这样的反射动作会让父母大为惊奇。这样的反应在出生后2～3个月会逐渐消失，但这与实际的走路无关；此反射动作会在10～15个月时再度出现，宝宝将会真正学会行走。

掌握反射

宝宝会自然握住碰触自己手心或手指的东西。这种反射从出生就已出现，4 ~ 6个月大时消失，之后以随意动作取代。

足握反射

如果给予宝宝脚底刺激，他的脚趾也会好像要抓住这些东西一样，弯曲起来。这种反射从出生就已出现，8 ~ 9个月左右消失。

● 视觉发育

新生儿的视觉还没有发育完全，这时候他只能看清距离25 ~ 30厘米的东西，而且比较喜欢黑白色条和人的脸。新生儿的这种视觉能力也是为了配合他的生理需要，方便他寻找食物，因为这个距离正好是喂奶时宝宝的脸和妈妈的脸之间的距离。妈妈可以和宝宝面对面，充满爱意地凝视他，或利用镜子让他注意自己脸的变化来吸引他，以促进宝宝视觉的发育。

●语言与认知能力

虽然新生儿更多时间是在睡觉，但是他一样喜欢被人关注。新生儿还不会说单字，但是妈妈会发现宝宝能发出"咯咯""咕咕"的声音，这是他想要进行交流的早期尝试。妈妈可以通过模仿宝宝的声音，或者制造新的声音吸引他。妈妈给的回应越多，就越能鼓励宝宝主动发声。

●听觉发育

宝宝什么时候能听见外界的声音呢？答案是：在妈妈的肚子里时就可以了。有产科医生做过实验，通过B超可以发现，当7个月的胎儿在觉醒状态，听到母亲腹壁外的"咯咯"声时，头会转向声音发出的方向。原来宝宝在出生前几个月，听觉能力就已经发育得很好，能准确地听到声音了。

新生儿从一出生即有声音的定向力。在新生儿清醒的时候，用一个小塑料盒，内装少量玉米粒或黄豆，在距宝宝右耳旁10～15厘米处轻轻摇动，发出很柔和的"沙沙"声，小婴儿会变得警觉起来，先转动眼接着转动头朝向声音发出的方向，有时他还要用眼寻找小方盒，好像在想，是这小玩具在发出好听的声音吗？如果"沙沙"声过强时，小婴儿还会表示厌烦，头不但不转向声源，而且转向相反方向，甚至用哭来表示拒绝这种噪音干扰。

宝宝的这种能听而且看声源物的能力，说明眼和耳两种感受器官内部已经发育得很完善了，这可以帮助他更好地适应周围的环境。

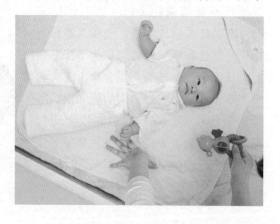

●给宝宝听音乐应该开多大的音量？

许多妈妈当宝宝还在肚子里时就开始给宝宝听音乐、做胎教了，适当地给宝宝听些曲调柔和的音乐对宝宝的成长与发育是非常有好处的，不过妈妈要注意，在给小宝宝放音乐时音量不宜太大，保持在40~70分贝，在平时大人听起来觉得舒服的音量上再调小一点，这样宝宝才会喜欢，不然如果声音太大，宝宝也会烦躁不安，觉得吵。

Tips：婴儿喜欢听什么？

新生儿喜欢看妈妈的脸、听妈妈说话。哭闹的小宝宝在听到自己母亲的声音时会变得安静，并且会即刻转过头去看妈妈的脸。出生后两周以内的新生儿已能记住妈妈的声音和脸的形象了，并能将听到的声音和看到的脸联系起来。有专家做过一个有趣的实验，当新生儿听到自己妈妈的声音而看到其他妈妈的脸或看到自己妈妈的脸而听到其他妈妈的声音时，会表现出慌乱和苦恼的样子，只有当听到的声音与看到的人都是自己妈妈时，才会显出舒畅和得到安慰的神态。

抚触与按摩

触觉是人类最早出现的感觉。依据胎儿研究的实证资料显示，胎儿在3个月大时，就能对毛发触及嘴边有反射性的回应能力。宝宝在子宫里，羊水总是包围着宝宝，随时提供触感的信息，让宝宝感知自己的状态。在子宫里，4个月大的胎儿已能够吸吮自己的手指，凭借着吸吮的触感安抚自己，使身心感受回归

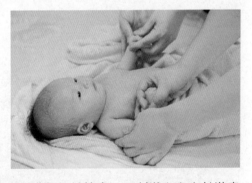

平衡。最新研究表明，父母充满爱意地给宝宝进行抚触按摩，可刺激宝宝生长激素的分泌，促进宝宝脑部发育，同时有效调节宝宝情绪、促进食欲，增强宝宝的抵抗力，对于改变宝宝身体姿势、促进血液循环、增强新陈代谢、锻炼骨骼肌肉和身体协调性、灵活性以及自控能力等都有很好的效果，对亲子关系的增进更是功不可没。因此，新妈妈有必要掌握一些最基本的抚触手法，来帮宝宝按摩。

● 新生儿抚触操全图解

※ 脱光宝宝的衣服，往手心里倒点婴儿油。

※ 先从头部开始，以平抹的手式从额头中间向两边轻抚。用双手拇指沿着眉毛生长的方向由中间向两边按摩。

※ 接着按摩鼻翼两侧，用大拇指从鼻翼两侧往脸颊外划"八"字。

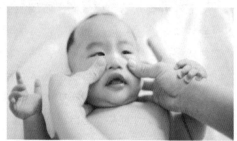

※ 按摩嘴角，轻提笑肌。

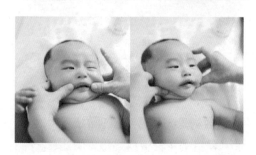

※ 以轻捏的方式从上往下按摩宝宝的手臂。由手掌向指尖方向按摩手指。

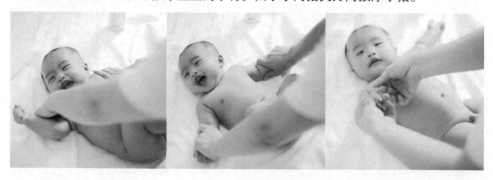

※以同样的手法按摩腿部。

※按摩前胸时，双手交叉由胸口向肩部轻抚。

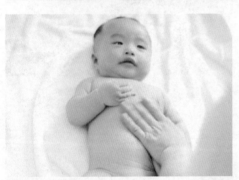

※用整个手掌轻柔地沿顺时针方向按摩宝宝腹部，此举可促进宝宝消化。

※轻轻翻转宝宝，用整个手掌从脊柱中央向两边抹平按摩宝宝的背部，一直到臀部。

※手指以轻点的方式按摩宝宝阴部与肛门附近。

早教计划

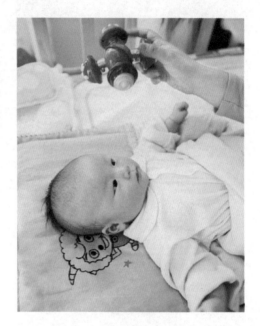

　　早教，即早期教育，是由成人对0~6岁婴幼儿实施的教育。早教是人生的启蒙教育，具有奠基的意义。婴幼儿时期是宝宝大脑发育最快、各种潜能开发最为关键的时期，也是进行教育的好时机。如果这时能够丰富宝宝的生活，针对宝宝的年龄特点给予正确的教育，就能加速宝宝智力的发展，为宝宝今后形成良好的行为习惯和个性品质奠定基础。

● 爱的呼唤

　　培养技能：语言、认知能力

　　准备物品：不需要准备任何物品

　　互动方式：在宝宝睡醒时，爸爸妈妈用快乐的声音和他打招呼："嗨！宝宝睡醒啦！""饿了吗？要吃奶吗？""好棒！宝宝今天很乖，先玩一会儿再吃奶吧！"……这些声音会唤起宝宝"啊！唔！哦！"的张口应答。

　　成长与收获：父母诱导宝宝，使他发出不同的声音，以表示不同的要求。有些善于表达的宝宝在父母的诱导下会发出不同的声音，这可以使他尽早学会利用声音、姿势和语言与人交流。

● 快乐爱笑宝

　　培养技能：情感发育、语言与性格

　　准备物品：不需要准备任何物品

　　互动方式：父母与宝宝逗乐。爸爸妈妈做鬼脸逗宝宝笑，或者自己夸张地笑出声音让宝宝模仿。

成长与收获：让宝宝快乐，经常笑且笑出声音。宝宝笑出声音不但自己快乐，还让全家人都快乐。爱笑的宝宝长大后善于与人交往，性格也豁达乐观。

●超级模仿秀

　　培养技能：语言

　　准备物品：不需要准备任何物品

　　互动方式：爸爸妈妈与宝宝面对面做口腔模仿的游戏，如张口、伸舌、砸舌等，爸妈的动作要夸张，同时发出一些声音吸引宝宝。宝宝会模仿父母的动作，因为宝宝口的动作比其他部位灵活，所以他会学得很快。

　　成长与收获：这可以锻炼宝宝的模仿能力。宝宝的一切技能都是通过模仿学会的，养成模仿的习惯十分有利于宝宝的能力发展。另外，宝宝通过对口腔动作的模仿，可以为今后语言的学习打下良好的基础。

●音乐会时间

　　培养技能：增强节奏感，促进平衡力

　　准备物品：旋律柔和的歌曲

　　互动方式：父母一起为宝宝唱一些旋律轻快、节奏柔和的歌曲，其中一个人可以按着节拍轻轻拍打宝宝，让宝宝从中感受节奏。也可以抱着宝宝随节拍轻轻舞动身体，这可以让宝宝更直观地感受到音乐的韵律与节奏变化。

　　成长与收获：抱着宝宝唱歌时，父母胸部的震动传给宝宝，宝宝听着温柔甜美的歌声会感到平静而快乐。另外，父母抱着宝宝跳舞时，随着位置感觉的变化，可以使宝宝平衡器官得到锻炼，对宝宝将来坐、立、行走都有好处。

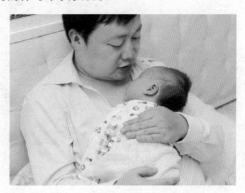

Can You Guess
What I'm Thinking?

PART 2

我的心·思你来猜
——宝宝表情、肢体语言大揭秘

宝宝在学会说话之前，没有足够的沟通、
表达能力，尤其是没有掌握到语言这门技巧，
许多需求无法顺利传递，这让爸爸妈妈在喜悦之余免不了担忧。
好在宝宝有着许多丰富多彩的面部表情及憨态可掬的手势动作，
细心的家长们只要能"破译"这些表情"密码"，
就一定能读懂宝宝鬼灵精怪的小·心思。

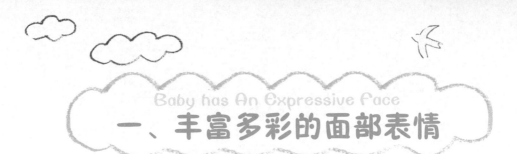

一、丰富多彩的面部表情

Baby has An Expressive Face

宝宝丰富的面部表情是父母揣摩宝贝小心思的风向标，他哭了或笑了、撇嘴或吐舌无一不向父母传达着交流的小信号。

笑是一种幸福

在宝宝生命中的第一年，看到他露出笑容的时刻是爸爸妈妈最幸福的时刻，再多的辛苦和劳累也会在这最纯真的笑容面前烟消云散。对于宝宝来说，笑容不仅预示了他快乐的心情，而且也是他成长中的一个里程碑，代表着宝贝的智力发育又到了一个新的阶段。

●0～1岁宝宝"笑表情"的发育

宝宝什么时候会笑呢？细心的妈妈可能会斩钉截铁地告诉你：在他刚出生的第三天妈妈就看见过宝宝的笑了。别急着对妈妈的话表示质疑，事实上她确实没看错。在出生后的第一个月里，父母有时会发现宝宝突然嘴角上扬，两眼弯弯，露出一个迷人的微笑，这个笑容纯真、美好得如同天使的微笑。但这种"笑"与其说是笑，还不如说只是一种表情，它的出现与宝宝是否快乐或开心无关，只是宝宝无意识的肌肉活动。

第2个月：因为愉快而自然发笑

宝宝开始真正因为快乐而微笑一般出现在6~8周时，这种笑与以前无意识的笑是完全不同的，这时宝宝开始对令他快乐的事情有了一定的回应。比如当妈妈让他吃饱喝足后，用手轻触他的小脸蛋，或者充满爱意地抱着他哼唱摇篮曲时，他都会因为愉快而情不自禁地露出满足的微笑。

2~3个月：可逗笑

两个月以后的宝宝已经能认得出来是谁在照顾他了，此阶段的宝宝开始展示他具有社会意义的笑脸。只要熟悉的人对他笑一笑，或在他面前做个鬼脸逗逗他，他便会回报你一个最美丽的微笑！

当妈妈看到宝宝朝自己露出第一个真正意义上的笑时，不要太兴奋哦。父母在此阶段可以趁宝宝精神状态好的时候多陪宝宝玩，逗他发笑，这有利于促进宝宝的智力发育，但注意不要让宝宝太疲劳。

3~6个月：我是爱笑宝

3个月以后的宝宝，笑已成为他生活中惯常的表情，想笑就笑。此阶段的宝宝已经能主动地对一些事情作出反应，尤其喜欢因为新鲜、刺激而惊喜的感觉，如果妈妈和他做一些以前没做过的非常有趣的游戏，他会因为感到新鲜而"咯咯"大笑，甚至用尖叫来延伸这种"我非常快乐"的情绪。

6~9个月：主动发笑

如果说此前宝宝大都因为"外因"而发笑，到了此阶段，宝宝开始主动以"笑"示意了。比如，当熟悉的人出现时，不用等到你去逗他，他会第一时间转头朝向你，并且捕捉你的眼神，先向你微笑示意。

此阶段的宝宝更希望有人能与他一起分享他的喜悦心情。比如当他成功完成某个动作时，只是很短暂地对自己笑一下，然后把笑脸转向你，似乎在说："看，我做到了，我很高兴，你高兴吗？"此时的你，可千万别忽略了给宝宝一个积极的回应哦，这会帮助他树立信心并做得更好！

10~12个月：用笑容交流

快1岁的宝宝，不管是认知能力还是表达能力都发育得更成熟。此阶段的宝宝已经开始懂得用笑容与人交流，他不仅会用手势告诉大人他需要什么，还会运用相应的表情来配合，表达自己的需要。比如，等待奶瓶时的盼望的笑、想要玩具时讨好的笑、恶作剧后淘气的笑等等，让大人们从他的笑容中就能轻易得出他所需要表达的信息。

宝宝就是这样，在笑容里长大，他在用笑容表达自己快乐心情的同时，更希望能和爸爸妈妈分享这份快乐。父母一定要及时回应宝宝的需求，让宝宝的周围充满爱和关怀。

●宝宝爱笑智商高

育儿专家研究发现，笑是测量孩子智慧和情感发展的重要标志，说明宝宝对周围的事物感兴趣。一般来说，宝宝出生后4~6周就会对妈妈微笑，而如果宝宝到3个月时还不会笑，则往往存在智力低下的问题。由此可见，笑对宝宝有多么重要。

美国华盛顿大学的医学专家在系统地研究了年龄与智慧之间的关系后得出：爱笑的孩子大多聪明。他们观察到，聪明儿童对外界事物发笑的年龄比一般儿童要早，次数也多。

从宝宝发育的进程中可以看到，宝宝一般在2~3个月的时候，便可以在父母的逗引下发出微笑，这种微笑，是婴儿与成人交往的第一步，也是他们在心理发育上的一个飞跃。这个飞跃对大脑发育是一种有益的激发，被育儿专家称为"一缕智慧的曙光"。

父母应及时抓住这一缕"曙光"，多向宝宝微笑，或给以新奇的玩具、画片等激发宝宝天真的快乐反应，让宝宝早笑、多笑，这样的婴儿长大后智商会更高。

● 宝宝 "笑语" 集锦

手舞足蹈地笑

宝宝很开心，不仅"咯咯"笑出声音来，还伴随着手舞足蹈的快活样，这种笑是宝宝最高兴、最满足的笑，笑到忘我时，妈妈还能看见他的喉头和光秃秃的牙龈呢。

牵强地笑

爸爸妈妈为了逗宝宝笑，用尽了各种耍宝的手段，可宝宝就是一脸严肃，爸妈没辙了，失望无法掩饰，宝宝见了"于心不忍"，牵强地咧了咧嘴，算是笑了笑。当宝宝露出这种牵强的笑时，爸妈应该及时停住想要逗乐宝宝的做法，因为此时的宝宝很可能已经很疲劳想睡觉了，不是逗乐的好时机。

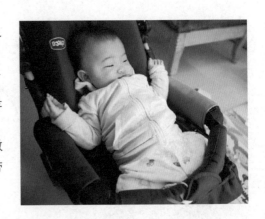

眯着眼睛笑

一般情况下小宝宝不会眯着眼睛笑，因为他细微的表情还没发育得那么完善。如果宝宝突然笑成了眯眯眼，很可能是由于他发现了什么新奇的事物，或者是嘴里残留的刺激味道，如酸或甜引起的；也有可能是因为身体的某个部位瞬间一丝疼痛引起了条件反射。细心的妈妈要留意观察。

皮笑肉不笑

宝宝想出去玩，可由于天气因素不方便外出，妈妈于是用各种玩具讨好宝宝，想转移宝宝的注意力，宝宝心不在焉，接过玩具，眼睛似乎带点笑意，嘴角却耷拉着，一副皮笑肉不笑的虚伪表情。当宝宝实在无法再忍受妈妈的敷衍时，就该情绪大爆发了。妈妈还是赶紧想些其他的招吧！

狡猾的笑

别看宝宝年纪小，也有"占便宜"的小心思哦。当妈妈偷偷把原本给姐姐的糖果拿过来给宝宝时，目睹了整个过程的小宝贝自然就流露出得逞的笑，这种笑眉眼弯弯、眼神贼亮贼亮，嘴角咧开，有时还会发出清脆的笑声来。

又哭又笑

民间有句俗语："又哭又笑，小狗尿尿。"这是专门用来形容天真可爱、喜怒无常的孩子气行为。当小宝宝累了、

困了或明显不耐烦的时候，他会肆意地吵闹哭泣，此时妈妈为了逗笑宝宝，往往使尽浑身解数，做出各种夸张的表情和动作给宝宝看，宝宝原本郁闷的心情瞬间转晴。于是，这边眼泪还没消呢，嘴角已经忍不住咧开了。

泪中带笑的表情让爸爸妈妈长嘘一口气。不过，为了让宝宝笑得更舒心，父母别忘了照顾好宝宝的情绪，及时满足他们的需求才是，不要等到宝宝哭了才想办法弥补，那样大人、孩子都累啊！

哭是一种宣泄

初为父母，最怕的大概就是孩子哭了。宝宝不会说话只会哭，父母不解其意、莫名其妙，无从安抚。其实哭是宝宝表达意愿的一种宣泄方式，父母应掌握宝宝哭的规律，并给予正确的回应。

除了新生儿时期宝宝多数会因为吃喝拉撒而哭的情形外，以下各种情况都会引起宝宝不同程度的哭闹，父母可作为参考，找出令宝宝不舒服的真正原因。

●伤心地哭——情绪不好，需要爱抚

宝宝有时哭了，妈妈一抱起来就不哭了，这是他感到孤独了，需要母亲的爱抚。宝宝在母亲子宫里时，无时无刻不受到羊水和子宫壁的轻抚。出生后，当他孤零零地独自躺在小床上时自然会感到害怕。此时妈妈要把他紧贴在胸前，让他听到妈妈平稳的心跳声。宝宝一接触到妈妈温暖的怀抱，找到了安全感，自然就会慢慢地安静下来。

●紧张不安地哭——妈妈不要离开我

　　宝宝在妈妈的怀里睡着了，妈妈刚准备将他放到小床上去，宝宝立即惊醒了，抓住妈妈的衣襟"哇哇"大哭，就是不想离开妈妈的怀抱。这是因为宝宝察觉到了妈妈将要离开的信号，许多宝宝在进入沉睡前都不愿意离开妈妈的怀抱，因为他们喜欢那种安定温暖的感觉。此时妈妈应该将宝宝再抱起来或陪着宝宝一起睡，直到宝宝完全睡熟后再离开。

●张嘴干嚎——渴望得到关注

　　妈妈把宝宝喂饱了，想趁机干点家务活，宝宝孤零零地躺在床上，一会儿就觉得百无聊赖，于是马上张嘴大哭，虽然哭声尖锐却没什么眼泪流出，仿佛在向大人抗议："不要忽视我的存在！"

● 哭声较缠绵，伴随揉眼睛动作——闹觉

到了宝宝睡觉的点了，可妈妈还没来得及给宝宝洗澡或喂奶，宝宝却已经很想睡了，此时大人如果强行给宝宝做"睡前准备工作"，宝宝肯定会很不耐烦地哭闹，这种哭闹哭声缠绵，时高时低，伴随着揉眼睛的动作。宝宝想睡时父母最好配合着哄他入睡，不要总逗他或打扰他。累了、烦了，他肯定会哭。

● 焦急的哭——你们为什么都不明白我要什么？

宝宝想喝水了，嘴皮干干舔了又舔，可父母丝毫不觉，依然拿着玩具想逗宝宝笑；宝宝想尿尿了，可妈妈还兴奋地抱着宝宝举高举低做游戏呢……试想如果你的表达让人完全会错了意，你会开心得起来么？宝宝当然会很不高兴，此时除了用哭来抗议，还有什么办法呢？当宝宝因为焦急而哭时，往往还伴随着烦躁不安地摆手、踢腿或摇头等动作，父母应该及时自查，看看忽略了宝宝的哪件"大事"。

●哭得上气不接下气，间或抽噎一下·
——爸爸妈妈别吵了，我害怕

爸爸妈妈因为一件小事争吵起来，双方声音越来越大，丝毫不顾及一旁的小宝宝，宝宝开始还转着黑黝黝的眼珠看看你、看看他，表示好奇，很快就被父母肆无忌惮的互相责骂吓哭了。父母声音越大，宝宝哭得越厉害，此时如果没人理会，宝宝会一直哭下去，这种不安与害怕的感觉会深深地伤害宝宝的心灵，给他以"自己不讨人喜欢"的错觉。如果这样的争吵时常出现的话，就会严重影响宝宝今后的性格塑造及他的人生观、价值观。因此，奉劝所有的爸爸妈妈们，要保持家庭和睦，就算有矛盾也不要当着孩子的面争吵。

●突然"哇哇"大哭
——很疼

宝宝一般很少突然大哭，如果本来玩得好好的，突然"哇哇"大哭起来，哭声尖厉，好像有哪里很疼，此时父母一定要立即检查宝宝的身体，是否磕了、绊了或者宝宝被什么东西夹到或砸到等，如果情况严重要立即送医院诊治。

●怎样安抚爱哭的宝宝

宝宝哭闹怎么办？这是很多新手爸妈在育儿生活中必须面临的难题。以下这些方法也许能帮助爸爸妈妈让宝宝止住哭闹。

充满爱意地抱他

把宝宝包裹起来抱紧他。新生宝宝喜欢被拥抱的、安全的感觉，就像在妈妈的子宫里那样。所以，当宝宝哭闹时，爸爸妈妈不妨将宝宝轻柔地抱起，让他倾听你的心跳，从而安静下来。

听听有节奏的声音

家里的洗衣机稳定的节奏声，或者吸尘器、吹风机的"白噪声"，都能不同程度地安抚那些正在哭闹中的宝宝。即使某些宝宝并不认可这些声音，偶尔用来转移一下宝宝的注意力还是很有效的。

摇篮宝宝

大多数宝宝都喜欢被轻轻地摇晃。如果宝宝开始不耐烦了，妈妈可以抱着他边走边晃，也可以抱着他坐在摇椅上，或将他放进婴儿专用的摇篮中晃一晃。另外，开着车带宝宝去兜风也是安抚宝宝的一个好方法哦！当然，前提是做好全面的安全措施。

爱我你就摸摸我

给宝宝做个按摩，或者轻轻地抚摸他的后背或肚子，有助于让他安静下来。有的宝宝哭闹是因为喝奶时吸入太多空气，导致肚子胀气不舒服，妈妈要及时帮宝宝拍嗝。如果是肠绞痛的宝宝，有时候给他揉揉肚子就能让他平静下来。

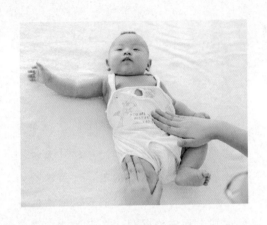

背着宝宝做家务

用婴儿背带抱或背宝宝，宝宝会特别有安全感。这一招特别适合睡觉前"闹觉"的宝宝。在妈妈温暖的怀抱里，随着妈妈做家务时的行走晃动，闹觉的宝宝一会儿就能安稳地进入梦乡。

转移注意力

稍大点的宝宝一旦因某事要赖、哭闹起来，可能不是父母一抱两哄就能轻易安抚的，针对这种情形的宝宝，最好的安抚方式是转移他的注意力。比如带他去户外，看看热闹的街景，或者拿一个平时他最感兴趣的玩具给他。实在不行就稍微晾晾他，装作不理他，与旁边其他人交流，并时不时发出夸张的声音或做出夸张的动作暗暗吸引他，从而成功转移他的注意力。

当然，以上方法并不一定能安抚所有哭闹的宝宝，因为每个宝宝都有自己独特的个性，最重要的还是要靠爸爸妈妈的细心和耐心，去充分了解自己的宝宝，找到一个最适合自己宝宝的方法。

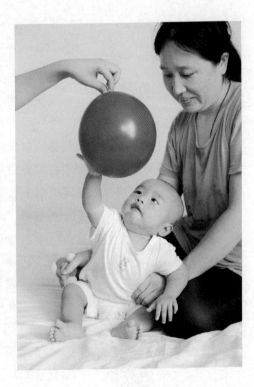

二、关注宝宝心灵的窗户——眼神

眼睛是心灵的窗户，宝宝的眼神是开启他们心门的钥匙。对于幼儿来说，由于对周围世界认识的不足和表达能力的欠缺，眼神往往是他们表达心声的重要手段。而作为父母，要多关注宝宝的眼神，读懂宝宝的眼神，才能更好地走进宝宝的内心世界，与宝宝建立起更加亲密和谐的亲子关系。

宝宝常见的眼神语言

● 家里来客人了，我害怕！

宝宝出生了，许久不见面的叔叔阿姨都特地赶来探望，爸爸妈妈别提多高兴了，满心欢喜地将宝宝打扮得精灵可爱。心急的叔叔阿姨早就忍不住伸出双手想要搂抱小宝贝了，爸妈自然而然地将宝宝递交给朋友们。可此时，麻烦来了，刚刚还安静可人的小宝贝一转手就"哇哇"大哭，挣扎着不肯离开妈妈。妈妈无奈之下只好抱歉地回绝热情的客人们，心底可没少埋怨小宝贝：小家伙平时乖巧伶俐，怎么一到"大场合"就掉链子了，真上不了台面。

宝宝满肚子委屈：妈妈，你难道没看出来我在害怕么？

当宝宝来到一个陌生的环境，或者家里来了陌生的客人时，往往会双手紧揪妈妈的衣服，身体紧张、头不敢随便转动。此时妈妈如果注意观察宝宝的眼睛，会发现宝宝的眼神闪烁不定，不敢直视陌生人。这是因为他害怕了。

宝宝容易对陌生的、未知的事物及人感到害怕，此时他的内心·是极度恐惧而无助的，往往会用一种求救的眼神看着父母，请求帮助。父母如果无视宝宝求救的眼神而强行将宝宝递交给陌生人抱，宝宝会紧张得大哭，并挣扎着离开。因此，正确的做法应该是陪伴在宝宝身边，用身体的接触给予宝宝安全感。

●妈妈回来了，快抱抱我，没看见我期待的眼神么?

妈妈下班回家了，原本乖乖待在奶奶怀里或者自己玩得正高兴的小·宝贝马上转过头迎接妈妈，同时兴奋地张开双手，两眼放光地迎向妈妈。

宝宝对妈妈的气味非常熟悉，也非常依恋。往往能第一时间搜寻到妈妈的方位，并满怀期待地寻求拥抱。对于大多数的妈妈来说，宝宝期待的眼神便是最好的礼物，它能瞬间扫除上班一天后的疲累，让妈妈马上变得精神焕发、快乐无比。

当然，让宝宝充满期待的并不仅仅只是妈妈的怀抱，所有他熟悉的人或物出现在他面前时他都会露出欣喜的眼神来，比如爸爸回家时、见到奶瓶时等等，父母所要做的是尽量回应宝宝的需求，让宝宝得到真正的满足。

●这是什么？我很好奇

宝宝紧盯着一个新玩偶，眼神执著而专一，时而皱皱眉头，似乎在琢磨："这是什么东西啊？"

这么小的宝宝就开始有好奇心了吗？

每个人都会有好奇心，小宝宝也不例外。当宝宝对某样物品感到好奇时，他会紧盯着物品看，时不时还会皱皱小眉头，大点的宝宝还会把头转向妈妈，仿佛在用眼神询问妈妈："这是什么？"

妈妈千万不要错过宝宝好奇的视线，此时可是帮助宝宝了解事物的好时机。不仅要耐心细致地向宝宝介绍这个物品，最好还要用轻柔的语言及爱抚的动作告诉宝宝，这个东西对他没有伤害，宝宝可以不必害怕。虽然宝宝不会说话，但他能从妈妈的语言与动作中判断出妈妈要告诉他的话的涵义。这样一来，宝宝不仅能获得快乐的满足感，其探索未知事物的兴趣也会随之越来越浓。

Tips：小心！浇灭宝宝的好奇心会毁掉他的自信

年幼的宝宝因为未知而对周围的一切充满了好奇。聪明的妈妈会利用周围的一切事物满足宝宝对世界的探究与认识，而有的妈妈却往往错过了这一大好时机，不仅无视宝宝的需求，甚至无意间毁掉了宝宝的自信心。"这么小的小屁孩，哪知道什么是好奇啊，说了你也不懂的！"

千万不要自以为是地认为宝宝年幼，什么都不懂，因此什么都不说。宝宝虽然心智发育尚不健全，但接受新事物的能力往往胜过许多大人，因此，为人父母应该尽量满足宝宝的好奇心，而不是无情地浇灭。长此以往会毁掉宝宝的自信心，让他觉得自己真的什么都不懂。到那时，后悔都晚啦！

●妈妈我吃饱了，别再喂我了

　　吃饱喝足的宝宝会弯着眼睛，平静地微笑。看到宝宝满足的神情妈妈往往也能得到巨大的满足。但要注意不要将宝宝喂得太饱了。

　　宝宝6~8周前还不懂得按时吃奶，而且每次都会把奶瓶里的奶吸吮干净，因而难免有时吃得过饱。吃得太饱的宝宝很可能会吐奶，而且还会因为胃胀不舒服而大声哭闹，此时妈妈如果将宝宝抱起来，哭声会加剧，甚至会吐奶。

　　所以妈妈们不要一味地想着要给宝宝多吃点，不知不觉就让宝宝吃得过饱了，应该少食多餐，这样宝宝才会绽放满足的微笑！

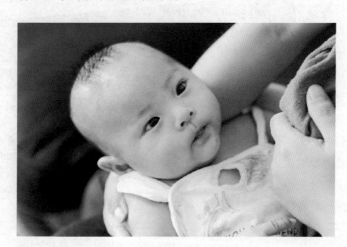

●妈妈不要离开我，我很伤心

　　　妈妈要上班了，可宝宝抓住妈妈的衣领不肯放手，好不容易强行掰开了宝宝的手指，宝宝马上伤心地大哭，大颗大颗的眼泪往下掉，看得妈妈也心酸酸的。可班不能不上啊，妈妈只好赶紧收拾心情转身出门去了。

　　以上一幕可能是每位上班族妈妈都曾经遇到过的。宝宝越大，自主意识越强烈，依赖性就越强。八九个月大的宝宝已经很能体会"分离"的焦虑了，看见自己熟悉的人离开，宝宝会眼角下垂，视线下移，委屈而伤感地哭泣。性子急躁的妈妈不要不问青红皂白就责怪宝宝"不懂事"，平时应该多和宝宝玩玩"躲猫猫"的游戏，告诉宝宝"暂时消失的东西还会再出现"，缓和宝宝的分离焦虑。

　　请记住，良好的亲子关系是缓和焦虑症的最好良药，只要宝宝内心充满了安全感，自然就不再害怕与妈妈的短暂分离了。

●呀，阿姨别夸我了，我害羞

妈妈带宝宝出门，街上遇见的阿姨不断夸宝宝乖巧可爱，原本依依呀呀闹腾不休的宝宝忽然害羞了，半掩着眼睛使劲往妈妈怀里躲，惹得妈妈和阿姨哈哈大笑。

害羞是宝宝身体对内心感觉的一种本能回应，就像饿了要吃一样。随着宝宝的成长与发育，了解的东西逐渐增多，能体会的情感也越来越丰富，自然就会有害羞的感觉。一般来说，半岁以上的宝宝就会有害羞的表现了，慢慢地这种感觉会越来越强烈，表现为"怕生"，其实这也是宝宝自我意识的增强，是一种健康的表现。

宝宝害羞时，妈妈不要故意调侃，那样会让宝宝变得更难为情。一个温暖的拥抱或适时转移话题都是安抚害羞宝宝的好办法。

需要注意的是，对于性格较内向的宝宝，妈妈应该多带宝宝进行户外活动，鼓励宝宝多与人交流，这样有利于加强宝宝的自信，促进其以后乐观性格的发育，增强其自主意识。

●爸爸开心，我更开心！

爸爸难得有时间陪宝宝玩耍，宝宝时不时被逗得哈哈大笑。一旁的妈妈"不满"了：小宝贝平时跟我在一起时间多，照理说应该跟我更亲近啊，可为啥宝宝跟我在一起时没笑得这么开心过啊？

爸爸有什么魔力能让宝宝如此开心呢？

在大多数情况下，小婴儿更愿意亲近妈妈，因为妈妈陪伴他们的时间更多些。但爸爸的位置也是不可代替的，特别是对于男宝宝来说。

爸爸亲近宝宝的方式与妈妈不同，虽然没有妈妈轻柔的嗓音和温柔的动作，可爸爸晶亮的眼神、笨拙的鬼脸都能让宝宝感到格外的愉快。

其实，不仅只有大人能看懂小宝宝的眼神，小宝宝也能体会大人的眼神。当爸爸心情愉快地望着宝宝时，他的温暖和明亮的眼神会让小宝宝充满了安全感，这种安全感是温柔的妈妈身上没有的。宝宝体会到了这种感觉，双眼自然也会变得晶亮有神，眼角嘴边都溢满了欢笑；相反，如果爸爸神情严肃，眼神黯淡而缺少光泽的话，宝宝会害怕，同时心情低落，双眼无神。

总之，爸爸传达给宝宝的是力量、理性、自信心与纪律。跟妈妈所传递的那种温暖、拥抱与慈爱有些不同。可见父亲的眼神对宝宝走向独立、对自己负责、培养责任心是非常重要的。

● 哎呀，别说了，没见我正烦着么？

妈妈发现一个有趣的物品，兴高采烈地介绍给宝宝，可宝宝并不买账，东张西望，丝毫不感兴趣的样子，妈妈没有意识到，依旧兴致盎然，可此时宝宝已经极度不耐烦了，张嘴就"哇哇"大哭起来。妈妈莫名其妙：好好的怎么又哭了？

如果跟宝宝说话时，宝宝东张西望，眼神游离不定甚至伴随坐立不安时，妈妈应该及时打住自己的话头，因为此时的宝宝对你所说的一切根本不感兴趣。

当宝宝对所说的话题不感兴趣时，父母应及时调整谈话内容，吸引宝宝的注意，或者转换一个场景，带宝宝离开，这样可有效避免宝宝"闹情绪"。相反，当宝宝双眼发亮，紧盯着某个人或物时，表示此时的宝宝很开心，有了高兴的事，他想得到父母的肯定与鼓励，并与他一起分享快乐与喜悦。此时，父母应该迎着宝宝的目光，送去微笑与赞赏，并及时配以语言和动作的鼓励。

●妈妈我做对了，你不表扬我么？

当宝宝顺利将尿尿进便盆时，妈妈忍不住表扬宝宝干得漂亮。宝宝听到表扬眉飞色舞，甚至会心情愉快地在妈妈腿上蹦跶。

小宝宝也需要赞扬呢！

细心的父母会发现，当自己的宝宝觉得自己有进步，或者想表现得更出色时，会用充满期待的眼睛看着父母，此时如果父母能及时回应，他们的脸上会露出满意的微笑。可别小看这小小的回应，在这默契的对视中其实父母与宝宝已完成了一次心灵的对话。所以父母一定不能忽视宝宝期待的目光，也一定不要吝啬自己充满关爱和鼓励的目光，从宝宝的眼神中找到宝宝的需求，及时给出正确的指导。

● 嘿！伙计，我才不怕你呢！

妈妈带宝宝出去玩，刚好遇上邻居阿姨带宝宝出来散步。于是两个妈妈热切地交换着育儿经，而两个宝宝自然也被放置在一起进行"交流"。两个宝宝虽然都还不会说话，可那眼神还真是"火花四射"啊！

宝宝与大人一样，天生就有自保意识，比如本能地抗拒陌生人等。当两个同龄宝宝在一起，他们之间的"战斗"可不是无形的，细心的妈妈同样有迹可循哦。

当两个宝宝互相瞪眼，眼神左右瞟或上移都表示在挑衅；如果一个宝宝眼神转向下方，则表示愿意和解，成为朋友。当然，除了眼神外，性子急的宝宝可能还会握紧双拳"哦哦"有声地向对方示威，甚至伸出手去抓对方的脸。当宝宝出现这种行为时，并不表示宝宝想攻击对方，很可能这只是他表现友好的一种方式，而且小婴儿对人的脸会格外感兴趣。

遇到这种情况时，妈妈最好不要干预，更不能为了表现自己"大方"，不问青红皂白就冲自家宝宝呵斥，还是交给宝宝们自己解决吧！

宝宝视觉系统发育进程

总的来说，宝宝的视觉系统发育总共有五大进程。

● 物体和面孔识别

宝宝刚出生时仅能看到一手臂距离（20～25厘米）内的事物，此时的宝宝对妈妈的脸特别感兴趣，因为这正是妈妈抱着宝宝时，他视线范围内的主要"物体"。

●对焦能力

刚出生的宝宝并不具备眼部对焦的能力。大多数宝宝会在2~3个月时具备准确集中视力的能力，这需要眼部的特殊肌肉，改变眼内晶体的形状，以形成清晰的图像。

●深度知觉

深度知觉是判断对象近于或远于其他物体的能力，此能力一般得到宝宝四五个月后才具备，此时的宝宝开始真正地用两只眼睛一起工作，形成三维视图能力，首次看清这个世界。

●眼协调和跟踪

3个月后宝宝开始可以追视缓慢移动的物体，这预示着小宝宝的视力越来越好了。

●看颜色

随着宝宝的成长与发育，原本只能感知黑白两色的宝宝逐渐有了色彩的意识，虽然他们的视觉远没有成年人那么敏感，但也开始对各种颜色的物品感兴趣。当然他们尚不能区分不同的色彩，仅仅只是感兴趣而已。宝宝至少得等到3岁才能完全识别不同的颜色。

三、用肢体语言感触世界

从吐舌头、咂吧嘴到举手、摇头、蹬腿，宝宝的成长是如此迅速，他们学习本领的能力是如此强大，很快，便能依靠自己的力量翻爬、扶走……用自己的肢体去感触这个新奇的世界。

双手悠然自如地晃动——我很开心

小宝宝其实很容易满足，只要妈妈喂饱了，给他换了干净的尿布，他就会露出惬意的微笑，与此同时，双手也悠然地晃动着，仿佛在告诉妈妈："我很舒服，真开心！"此时乖巧可爱的宝贝真让家人喜爱不已，不妨趁此机会好好陪宝宝玩一会儿吧！

撅起小嘴——我不高兴

有开心的时刻，当然就有不高兴的时候啦，小宝贝也是有自己的脾气的。当宝宝饿了妈妈没有及时喂奶，或者寂寞了没有人陪的时候，可别怪宝宝不高兴哦。

宝宝因为需求得不到满足而不开心的时候会撅起小嘴，甚至皱起眉头"哇哇"大哭，一副非常委屈的样子，如果大人不及时给予回应，可别怪宝宝越哭越大声哦。

别管我，让我独自待一会儿

虽说宝宝喜欢妈妈陪在自己身旁的安全感，但某些时候他们也需要有些"个人时间"。妈妈如果看见宝宝躺在床上自得其乐地玩舌头、舔嘴唇，吐出口水泡泡时，别轻易前去打扰哦，这可是宝宝的自娱自乐时间，就让宝宝自己玩自己的吧！

需要注意的是，虽然宝宝想要自己玩，父母也不要完全丢下宝宝不管哦，随时远远地查看一下宝宝是否已经开始无聊，如果宝宝玩腻了想要人陪了，父母要第一时间陪伴在宝宝身旁，满足宝宝的需求。

频繁蹬腿——身体异常还是学到了新本领？

刚满月的宝宝躺在床上时就能把床板蹬得"咚咚"响，而且只要他醒着，就会一直蹬下去；等到宝宝再大一点，坐在婴儿车里时，也会一直用脚后跟儿敲踢踏板……宝宝这么喜欢"踢腿运动"，是有多动症吗？

宝宝从出生后，小脚丫就没有闲过。其实，早在妈妈肚子里的时候，宝宝就已经学会"拳打脚踢"了。宝宝喜欢蹬腿、踢踏板都是正常现象，这是宝宝在享受新本领所带来的快乐呢。只要宝宝各方面健康无异，妈妈就不用怀疑宝宝频繁蹬腿的举动，并且应该留出足够的时间、创造良好的机会鼓励宝宝玩个够。比如，在宝宝腿能够够到的地方放一个大彩球或大气球，吸引宝宝进行踢腿运动。这样不仅可以满足宝宝蹬腿的乐趣，还能促进宝宝骨骼的发育，有助于宝宝成长。

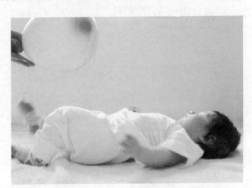

当然，某些特殊情况下宝宝也会蹬腿，比如尿急、缺钙等，宝宝在这些异常情况下蹬腿时的表现与之前的快活是完全不同的，细心的妈妈都能分辨出来。

宝宝睡觉为什么喜欢摇头？

宝宝睡觉时老喜欢摇头，以至于后脑勺接触枕头部分的头发都快磨光了。邻居王阿姨见了说这是缺钙的表现，要补钙！真的是这样吗？

许多老人都将宝宝摇头、夜惊、"枕秃"（即后脑勺掉发）等特征看作是宝宝缺钙的主要表现，其实这种看法是不科学的。

判断宝宝是否缺钙必须由专业的医生检查后方可下结论。因为有些症状和体征并非特异性的，如易出汗、睡眠不安等症状，很有可能是宝宝神经系统发育不完善引起的；而枕秃则可能是宝宝睡觉时太热，脖子后面出汗发痒，从而刺激宝宝摇头止痒引起的。

其次，摇头有时也只是宝宝新学的一项运动技能，宝宝用摇头向父母表示自己的进步。父母应该仔细观察宝宝摇头的原因：是受到惊吓？尿急？还是有其他需求。宝宝如果摇头的同时还伴有抓耳挠腮的举动，就要检查宝宝耳部是否有异常，如果耳部有红肿，则很可能是有炎症了，应及时带宝宝去医院检查。

口水大王

●宝宝为什么总是流口水？

三个月的宝宝口水流得凶，妈妈不时要给宝宝换围嘴，不然一会儿工夫衣服就湿透了。令人烦心的还不止这些，宝宝嘴角周围因为经常被口水打湿，红了一大片，隐隐还有破皮的现象，真是愁死妈妈了！

宝宝总是流口水主要有以下几方面原因。

添加辅食后的表现

宝宝到了三四个月，开始吃辅食，不同于之前的纯流质食物，此时宝宝的饮食中逐渐补充了含淀粉的食物，这些食物能刺激唾液腺，使唾液分泌明显增加，同时稍具粗糙感的辅食也增加了宝宝咀嚼的机会，自然唾液就分泌得更多。

因为出牙

宝宝乳牙开始萌出，牙龈受到刺激，引起神经反射作用，这些都会刺激唾液分泌而使口水增多。

吞咽功能发育不完全

由于小宝宝口底较浅，又不会节制口腔内的口水，加之小儿吞咽功能较差，所以口水便时常流出口腔。

病理因素

若宝宝患有鹅口疮、口腔溃疡或大脑智力发育不全、内分泌系统病变等，也可有流口水的表现，遇到这种情况父母应尽快将宝宝送到小儿科就诊，以便及时治疗。

●流口水的护理

虽说宝宝流口水大部分都是正常的生理现象，但由于唾液偏酸性，在口腔内因有黏膜的保护，所以不致侵犯到深层。但当唾液流到皮肤外时，很容易腐蚀皮肤最外的角质层，导致皮肤发炎，引发湿疹等小儿皮肤病。

所以，对经常流口水的宝宝，应当随时为他们擦去嘴边的口水，擦时不可用力，轻轻将口水拭干即可，以免损伤局部皮肤。还要记得常用温水帮宝宝清洗口水流到处，然后涂上油脂，以保护下巴和颈部的皮肤。最好给宝宝围上围嘴，以防止口水弄脏衣服。

我咬，我咬，我咬咬咬

从什么时候开始，可爱的小宝贝变成了"小野人"？不管手中抓到什么东西都放进嘴里咬，该怎么办？

人们都知道婴儿的求知欲非常强烈，学习能力也很强。而他们最初探索世界的主要"工具"，就是他们的小嘴。

小球是圆的还是方的？积木块是粗糙的还是光滑的？宝宝总是先由嘴来断定物体的形状和特征。在宝宝出生后的第一年中，与眼睛和手感知信息的速度相比，宝宝神经末梢会把嘴巴感觉到的信息更快、更准确地传递给大脑。这就是为什么宝宝喜欢用嘴咬东西的最主要原因。他们是先用享受美味的舌头去探索事物，然后才用眼睛去认识、区别事物。

●宝宝喜欢咬指头，该怎么办？

几乎每个宝宝都有一段时期对自己的手指头非常感兴趣。那是什么原因导致宝宝有这种特殊的嗜好呢？

原因一：由于饥饿引起

宝宝天生就知道吸吮，吸吮意味着吃饱肚子，维持生命。当他们饿了的时候，下意识地就想吸吮，如果此时手头上没有其他的物品，自然就把手指当成了安慰品。

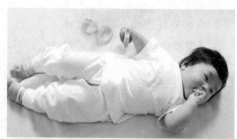

原因二：长牙期来临

小乳牙的萌发会引起宝宝牙龈发痒、肿痛等不适，此时宝宝需要借助一些坚硬的物品来缓解牙龈的不适。

原因三：想要获得安全感和满足感

婴儿时期的宝宝，往往对这个世界既好奇又惊恐，如果出现一些突发事件，如突然摔倒在地，很容易使宝宝情绪焦虑，产生不安全感。此时如果妈妈及时出现，把宝宝抱在怀里，宝宝自然可以得到安慰。但如果大人不能及时给予宝宝足够的慰藉，宝宝很可能会将这种焦虑，化作吸吮的动作，来使自己平静下来。事实证明，宝宝通过吸吮手指或咬拳头的动作，确实能得到一定的安全感和满足感。

原因四：妈妈喂奶方式不当

妈妈喂奶时，姿势不当，不能使孩子躺在臂弯里感到很舒服；或喂奶的方法不正确，喂食的速度太快，没能满足孩子吸吮的欲望。即使宝宝的肚子吃饱了，但是在心理上还没能得到充分的满足，因此便会通过吸吮手指来满足自己的需求。

总体来说，处于婴儿期的宝宝吸吮手指头是很正常的现象，家长最好采取顺其自然的原则，因为这其实是宝宝健康发育的表现。特别是当宝宝从一开始吸吮整个手，到灵巧地吸吮某个手指时，说明宝宝大脑支配自己行动的能力有了很大的提高。需要注意的是，如果宝宝长大后，比如上幼儿园后依然有这个习惯，家长就应该引起重视，必须想办法帮助宝宝改正过来。

●如何让宝宝咬得更安全

如果宝宝正处在用嘴探索世界的阶段，爸爸妈妈不仅要支持，还要尽量为宝宝创造一个安全的"探索"环境哦！

※清扫房间地板上的碎屑，以免宝宝误食。
※选择合格的玩具，不能有细小的能够被宝宝吞下的组件，特别是毛绒玩具上的小配件，如纽扣等，一定要检查是否牢固，防备宝宝揪下来放进嘴里。
※让宝宝远离阳台上栽花的泥土，或爸爸丢在泥土中的烟头，一旦误食，后果严重。
※外出时注意不要让宝宝误吞泥沙。

※一定注意不要让宝宝的嘴巴接触到户外的植物和浆果，不确定的毒素防不胜防。
※准备冰冻的磨牙胶，帮助宝宝缓解长牙期的口腔不适。

我扔，我扔，我扔扔扔

　　妈妈给宝宝买了新积木，宝宝兴奋地抓起来看一看、咬一咬，玩得不亦乐乎。可没过一会儿他就玩腻了，抬手就把积木扔了出去，"咚"的一声积木落地了，宝宝听见了"咯咯"大笑，妈妈摇着头把积木捡回来，可下一秒又被宝宝扔了出去。就这样，妈妈捡，宝宝扔，来回几次妈妈火了："这孩子怎么这么不懂事啊，扔的满地都是，别玩了！"宝宝被这么一凶，嘴一撇，委屈地哭了。

　　宝宝喜欢扔东西是恶作剧吗？当然不是！妈妈误解宝宝了。小宝宝喜欢不停地往外扔东西，主要出于以下三种目的。

为了引起大人注意

　　当看到扔出去的东西第一时间就被大人捡回来，宝宝会觉得非常高兴，因为在他看来这是大人在和他玩游戏呢。

为了认知这个世界

　　宝宝扔掉一个玩具，玩具掉在地上发出"咚"的声音，宝宝好奇了，还想听见这种声音，于是继续扔；宝宝把小球往远处扔，小球连滚带跳的往前滚动，他开始明白，是自己的行为引发了小球的滚动……这些亲身体验让宝宝理解了事物发生的变化，发现物体更多的属性，从而增长了他的知识和经验。

能力的表现

宝宝能扔东西必须具备一些能力，比如抓握能力、投掷能力。当宝宝能够用手抓住身边的东西往外扔时，他会很有成就感。同时非常迷恋这种新能力，以至于不停地练习这项技能，体会一次又一次的成就感。

当然，为了让宝宝扔得更安全，最好给宝宝准备一些柔软的、没有杀伤力的玩具，比如小布球、塑料球等。

需要注意的是，如果宝宝扔东西只是想要引起大人注意的话，家长有必要好好反省一下自己，需要给予宝宝更多的关心与爱护。

握紧的拳头

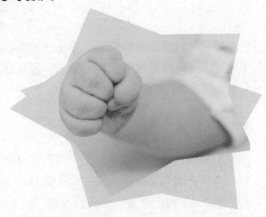

一般情况下宝宝都不会握紧拳头，如果发现宝宝握住了自己的小拳头，可能有以下几种原因。

●需要陪伴

宝宝将双手举至胸前，紧握成拳头，这是宝宝告诉你，他无聊了，需要人陪伴。此时父母应该放下手头上的事情，陪宝宝玩会游戏，让宝宝开心起来。

●好害怕啊

宝宝突然瞪大眼睛，背部拱起，伸开的双手也突然握成拳头，脚趾弯曲，全身悸动，这是害怕的表现。宝宝突然听到一声巨响，或突然从高处跌落时便会有这种表现。父母应及时给予宝宝足够的安全感。

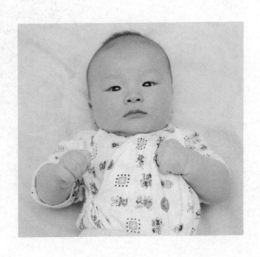

● 我好紧张

宝宝紧张时也会下意识地握紧拳头，比如突然把宝宝放进澡盆，或者去到一个陌生的环境时，有时也可能是因为肚子不舒服。妈妈要细心分辨引起宝宝异常的各种因素，及时帮助宝宝排除异常，恢复平静。

● 我要拉臭了

还有一种最普遍的情况，就是宝宝要拉便便了。大便对于宝宝来说还真是一项体力活，他们得全神贯注憋足了气，握紧拳头使劲才行。妈妈别忘了及时给宝宝洗干净屁屁，更换干净的尿布哦！

● 睡觉也不愿意打开拳头，要注意是否有疾病

如果发现宝宝连睡觉时都不愿意打开拳头，家长就要留意宝宝手部是否有异常了。比如手指间有湿疹、指尖发炎等等，这些情况在天气炎热的夏天更常见。一旦出现异常，要及时带宝宝去医院检查，及时治疗，以免情况更严重。

另外，要经常给宝宝修剪指甲，以免宝宝指甲太长抓破自己的脸，而且，太长的指甲容易断裂，一旦断裂很可能会伤到宝宝细嫩的指肉。

The Body Languages Cannot Be Ignored
四、不可忽视宝宝异样的身体语言

细心的父母对于宝宝日常的一举一动都可了然于心，但当宝宝出现一些较少见的异常行为时，家长可能就不那么确定了。如果家长不能及时对宝宝的特殊需求给予回应，很可能错过宝宝成长发育过程中的一些关键问题。所以，不可忽视宝宝异样的身体语言！

宝宝晚上反复踢被子是为什么？

许多妈妈都为宝宝夜里睡觉时踢被子感到苦恼，夏天还好，冬天因为担心宝宝踢开被子会着凉而感冒，许多家长晚上都得醒来多次帮宝宝盖被子，弄得大人整晚睡不安稳、精神焦虑。

究竟是什么原因让宝宝晚上频繁地踢被子呢？

● 原因之一：盖得太厚

有的妈妈因为担心宝宝着凉而给宝宝盖得过厚过重，结果宝宝睡得闷热、出汗，自然会不自觉地把被子踢开来透透风。

正确的做法应该给宝宝选择轻软的被子，特别是在开着暖气睡觉时。

● 原因之二：穿得太多

给宝宝穿多些，就是踢了被子也不容易受凉——许多家长都有这样的想法，但这是错误的。穿得厚宝宝不舒服，更容易感到热，也就更可能踢被子了。

正确的做法是给宝宝准备一套透气、宽松、吸汗的棉质睡衣即可，千万不要给宝宝穿触感差的化纤面料睡衣，那会大大降低宝宝的睡眠质量。

●原因之三：不正确的睡姿

如果宝宝睡觉时喜欢把头蒙在被子里，或将手压在胸前，很可能会因过热或做噩梦而把被子踢掉，所以要帮助宝宝采取正确的睡姿。

●原因之四：睡眠环境不理想

睡前给宝宝吃得太饱或让宝宝玩得太兴奋、睡觉时周围太嘈杂、灯光太亮等等因素都会导致宝宝睡眠不安、手脚乱动，从而把被子踢掉。因此，父母一定要给宝宝营造一个良好的睡眠环境。

●原因之五：特别注意病理因素

除了以上各种可能导致宝宝睡觉踢被子的因素外，千万不要忽视某些疾病引起的特殊情况。比如当宝宝感染蛲虫病时，他睡觉会因肛门瘙痒而不安，手脚乱动而蹬开被子；还有的患佝偻病的宝宝极可能夜惊、睡眠不安及踢被等。如果父母怀疑孩子患有这些疾病，应立即带他们去医院诊治。

宝宝不正常的掉发要引起重视！

大多数宝宝在6个月前都有掉头发的情况，这种现象被称为"生理性脱发"。有的宝宝头发掉得比较厉害，可能一夜之间就掉了一大片，但只要宝宝吃睡正常，发育没有问题，父母就不用担心。

可有一种不正常的掉头发，家长必须引起重视。因缺钙引起的"病理性脱发"是小宝宝不正常掉头发的主要原因。一般来说，缺钙的宝宝除了掉头发以外还常伴有其他症状，如爱哭闹、睡

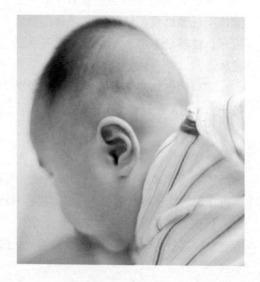

觉易惊醒、多汗等。家长如果看到宝宝出现上述表征，可以带宝宝到医院做一下微量元素检测，如果真是缺钙的话，要按照医生的建议和指导及时给宝宝补充钙剂，以免宝宝患上佝偻病。

警惕！宝宝睡觉磨牙

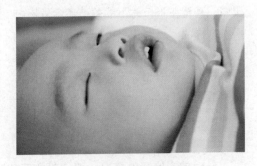

许多宝宝都有睡梦中磨牙的表现，可别忽视这个小细节，睡梦中磨牙很可能是宝宝的身体或精神出了状况。

●磨牙的原因

宝宝磨牙的原因有很多种。

◆精神过度紧张

宝宝因为调皮受到爸妈的责骂，从而感到压抑、不安或焦虑的时候夜间容易磨牙。其次，如果白天玩了太刺激的游戏、看了太刺激的影视剧，导致睡眠期间精神紧张，也会引起磨牙。

◆肠道寄生虫病

宝宝肚子里有蛔虫时也会磨牙，这是因为蛔虫产生毒素刺激神经，引起神经兴奋，从而产生磨牙。除此之外，毒素还会刺激肠道，使肠道蠕动加快，引起消化不良、脐周疼痛、睡眠不安等。

◆消化功能紊乱

宝宝晚间吃得过饱，入睡时肠道内积了不少食物，胃肠道不得不"加班加点"工作，由于负担过重，会引起不自主的睡时磨牙。

◆营养不均衡

宝宝挑食导致营养不均衡会引起晚间面部咀嚼肌的不自主收缩，牙齿便来回磨动。

◆牙齿咬合不正

当宝宝患上佝偻病、先天性个别牙齿缺失等疾病时，会使牙齿发育不良，上下牙接触时就会使咬合面不平，这也是宝宝夜间磨牙的原因之一。

● 磨牙的危害

宝宝长期夜间磨牙会影响睡眠质量，使面部肌肉过度疲劳，在平时的吃饭、说话时容易引起下颌关节和局部肌肉酸痛，甚至在张口时下颌关节还会发出响声，这样的"后遗症"大大影响了宝宝的生活质量；除此之外，磨牙也会使牙齿本身受到损害，引起牙本质过敏，当遇到冷、热、酸、辣时就会发生牙痛；而磨牙时咀嚼肌会不停地运动，还会导致宝宝的脸型发生变化，使脸部下端变大，影响美观。

● 纠正磨牙的方法

针对宝宝磨牙的情况，要"对症下药"：有肠寄生虫病的宝宝，需及早驱虫；有佝偻病的宝宝，要补充适量的钙及维生素D制剂；给宝宝布置舒适和谐的睡眠环境，避免宝宝睡前过度兴奋；注意宝宝饮食搭配，帮助宝宝改掉挑食的坏习惯；教宝宝注意口腔卫生，早晚刷牙。定期给宝宝做口腔检查，及时解决口腔问题。

宝宝频繁揉耳朵，小心耳部感染

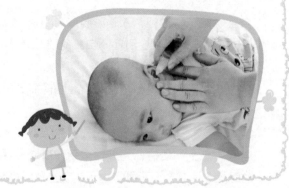

九个月的宝宝嘟嘟一直都比较"爱哭"，不管白天黑夜，稍不如意就大哭一场，鼻涕眼泪四处流，妈妈有时心烦了就让他一个人躺着哭上一阵。

最近嘟嘟更喜欢哭了，哭的时候还经常用手去摸耳朵，仿佛耳朵不舒服一样。妈妈起先没注意，直到宝宝突然发起烧来才急急忙忙带孩子去医院，一检查竟然得知宝宝患了中耳炎。

宝宝的耳道短且平，很容易感染中耳炎。可中耳炎不像感冒发烧，一下子就能看出来。有的宝宝还小，不会明确表示"耳朵疼"，家长便不容易察觉。父母如果发现宝宝喜欢频繁地摸、揉耳朵，且伴随发烧、烦躁、哭闹时一定不要掉以轻心，小心宝宝耳部感染。

那么，什么情况下宝宝的耳朵会被感染？

※感冒、发烧引起炎症。

※频繁的吸吮动作（如吃奶时），特别是在平躺的情况下容易使病菌从鼻腔后端进入咽鼓管，从而感染耳部。

※二手烟的危害，会使宝宝中耳炎感染率增加19%。

※躺着哭泣容易使眼泪流进耳廓，加上分泌物和脏东西，很容易使耳朵发炎。

※擤鼻涕不要用力过猛。给宝宝擤鼻涕时要温和而不要用力过猛，否则会导致宝宝耳朵感染。

当然，虽然揉耳朵是耳朵感染的一种常见迹象，但是也有些情况很特殊，有的宝宝揉耳朵有其特定的含义，比如睡觉。

总之，父母不能过于主观地判断宝宝身体语言的意思，而是要更细致地关注宝宝的生活与成长，通过多观察来理解宝宝动作的具体意义所在。

宝宝为什么坐立不安？

如果发现平时乖巧温顺的宝宝突然变得坐立不安、烦躁爱哭闹，请别忘记检查一下宝宝的小屁屁，看看罪魁祸首是不是尿布疹。

尿布疹是婴儿常见皮肤病，常见于肛门周围、臀部、大腿内侧及外生殖器，甚至可蔓延至会阴及大腿外侧。初期发红，继而出现红点，直至鲜红色红斑，会阴部红肿，融合成片。严重的会出现丘疹、水疱、糜烂。如果合并细菌感染则产生脓疱。

婴儿的皮肤极为娇嫩，若长期浸泡在尿液中或因尿布密不透风而潮湿的话，极易出现尿布疹。许多人认为使用纸尿裤容易导致尿布疹，其实纸尿裤与尿布疹并无直接的因果关系。无论是市面出售的纸尿裤、一次性尿布及布尿布，还是家庭使用的传统尿布，只要使用不当，或产品质量不合格，或护理不当，都有发生尿布疹的可能。

勤换尿布（纸尿裤），并且每次大便后清洗干净臀部并有效使用护臀膏，是预防尿布疹的有效措施。注意：最好给婴儿使用舒适、透气的棉尿布；给宝宝换尿布时，用温的清水和干净的毛巾来擦洗小屁股。洗完后，用软毛巾吸干水分，千万别来回擦；宝宝换下的尿布要用肥皂彻底清洗干净，然后用热水烫过，放在太阳底下暴晒晾干；不要用含有芳香成分的洗涤剂清洗宝宝的棉质尿布，也不要使用柔顺剂，这些东西都会使宝宝的皮肤产生过敏反应。

宝宝是"天然呆"还是严肃过头

虽说活泼好动是宝宝的天性，可也有的宝宝平时很难逗笑，不管对谁都一副严肃的表情，让人忍俊不禁的同时又免不了担心小小年纪"装深沉"是正常现象吗？

宝宝脸上的表情，与体内钙、镁、磷、铁、锌等营养成分的含量有关。国外有关研究资料表明，面带笑容、目光灵活有神的宝宝，血液中铁质的含量肯定正常；而表情严肃、微笑次数少，每小时只

微笑一两次的宝宝多数血液缺铁。缺铁对宝宝早期的智力发育会带来影响，尤其会影响宝宝的注意力及短时记忆力。严重缺铁者会出现烦躁易怒、智商水平降低的情况。

宝宝笑得很少，小脸严肃、表情呆板，这多半是体内缺铁所造成的。如果遇到这种情况，赶紧带宝宝去医院检查，确诊后，最好连续一个星期给宝宝补铁，他严肃的表情会逐渐消失，代之以灿烂的笑容。

补充铁质的方法很多，首推食补，安全有效，简便易行。对于母乳宝宝，食补一般只需让妈妈多吃些含铁量丰富的食物，如桂圆、紫菜、猪肝、海带、黑木耳等。如果宝宝贫血严重，还要配合一些药物进行治疗。

发育迟是缺少营养吗？

朵朵妈妈发现6个月的宝宝与同龄宝宝相比，显得矮小许多，看上去仿佛小了好几个月，难道宝宝营养不够？

　　出生后的前两年是婴儿快速成长和发育的时期。大多数婴儿在4个月时体重会达到出生时的两倍，满1岁时体重则为出生时的三倍。如果婴儿成长指标远远落后于正常水平，就说明宝宝有生长迟缓的现象。

　　生长迟缓是指婴儿没有正常成长或是体重没有正常增加。大多数情况下，生长迟缓是由于食物摄取不足导致的。如果不是因为宝宝摄入的奶水量不足，就是没有得到足够的奶水，原因不是父母缺少经验就是粗心。有极小的比例，可能是慢性疾病的征兆，如吸收不良、心脏病或肾脏问题。家长应该根据宝宝的实际情况，找出具体原因，及时改进。

四肢动作不对称是骨折或脱臼了吗？

宝宝在刚学走路时常常跌倒，经常会出现双腿长骨中段轻度骨折，如果宝宝走路时跛着腿，不愿意用某一条腿承重，那么很可能是骨折，特别是当宝宝跛腿超过24小时时，需要立即去医院检查。

另外，父母和年幼的宝宝玩游戏时，特别是拉扯的游戏，宝宝很容易发生肘部脱臼现象，有的宝宝小，虽然疼但不会表达，粗心的父母很可能一时无法察觉。其实宝宝脱臼后的表现还是很明显的，大部分脱臼的地方会以诡异的角度耷拉着，明显与其他正常的部位不同。

再次提醒家长，不要突然用力拉扯宝宝的手肘，最好同时扶住宝宝的两只手，这样可以避免用力过度而造成宝宝手肘脱臼。

宝宝把奶瓶推开是吃饱了吗？

一般情况下，当宝宝把奶头或奶瓶推开，将头转向一边，并且一副四肢松弛的模样，多半就是已经吃饱了。如果宝宝吃饱了，妈妈就不要再勉强宝宝吃了。

但也有时候，宝宝喝不了几口就会吐出奶头或推开奶瓶。比如宝宝因为长牙不适、胃口不好；奶水过凉或过烫；熟悉的喂奶的人换了；宝宝身体不适、情绪低落等，妈妈一定要细心观察，找出宝宝推开奶瓶的真正原因。否则宝宝很可能因为推开奶瓶得不到足够的营养，影响生长与发育。

哭不出眼泪就是假哭吗？

宝宝有时候哭得很伤心，却没有眼泪，这让妈妈很困惑——难道这么小的宝宝就会"假哭"了？

遇到这种情况，妈妈先别过早下结论。有可能是宝宝泪道不通造成的。

一般来说，宝宝哭都是有目的的，他通过哭泣来表达自己的需求，比如饿了、尿了、拉了或寂寞了等等。有时候宝宝哭两声，不流泪，可能只是想活动一下。

但如果宝宝长哭不停，"干打雷不下雨"，虽然没有眼泪，但哭是真的，父母可别不理睬。有可能是因为宝宝的泪道被部分或全部堵塞了，这种情况虽然比较少见，且大部分在6个月之后会自然疏通，但如果情况严重，家长应该及时带宝宝去医院接受治疗，疏通泪道。

睡姿不正确，小心睡偏头

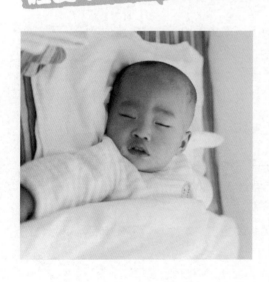

刚出生宝宝的头大都呈不规则的长圆形，这是因为宝宝出生时受妈妈产道挤压的缘故，随着宝宝的成长与发育会慢慢变得正常。但也有的宝宝因为睡姿不正确，导致头形越来越难看，甚至连脸都一边大一边小，急坏了妈妈们。

那么，如何为宝宝纠正睡姿呢？专家强调，只要家长每两个小时替孩子翻动一次睡姿，避免维持同一姿势过久，就可有效地塑造孩子的头形。

宝宝突然咳嗽是感冒了吗?

由感冒引起的咳嗽确实很伤脑筋，许多家长只要一听见宝宝咳嗽了就反射性地以为宝宝是感冒了，这种看法太过片面。有的宝宝，特别是本来健康无恙的宝宝突然剧烈咳嗽起来，家长一定要注意，宝宝很可能是因为吃进了异物（如小珠子、纽扣等），堵塞了气管从而引起咳嗽，此时家长应该尽快帮助宝宝清除口腔内的异物，否则后果不堪设想。

● 宝宝误食或窒息后的紧急抢救措施!

◆ 第一步:

让宝宝横躺，打开嘴巴，用食指沿着脸颊内侧插入，挖出来。如果异物出不来，就要马上打电话叫救护车，同时重复以下步骤。

◆ 第二步:

让宝宝趴在大人的小臂上，头稍微向下。用大人的手支撑宝宝的下巴，另一只手掌快速、有力地在宝宝肩胛骨之间连续拍打5次。

◆ 第三步:

如果宝宝还没吐出异物，就将宝宝转过来，后背搭在大人的大腿上。用两三根手指在宝宝胸腔处快速而有力地按压5次。

◆ 第四步:

如果宝宝还是不能呼吸，用拇指按住宝宝的舌头，其余四指捏住并抬高宝宝的下巴，打开他的嘴，查看喉咙后部是否有异物。

◆ 第五步:

如有异物，用一根手指绕着异物周围将其扫出来。注意，不要盲目地抠挖，以免异物堵得更深。

◆ 第六步：

如果宝宝还是没有呼吸，应立即对他进行人工呼吸。如果每一次人工呼吸宝宝的胸部都有起伏，则说明呼吸道是畅通的。继续做，直到急救车来。

Tips：预防宝宝误食的小细节

△可以塞入宝宝嘴巴大小的物品，要放在高于宝宝至少1米以上的地方。

△香烟、烟灰缸应放在宝宝摸不到的地方。

△抽屉、架子、冰箱要加上安全装置。

△宝宝可能会将土壤及肥料放入口中，应把盆栽植物放在宝宝手摸不到的位置。

△在阳台抽烟时，不要把烟头丢在阳台上。可能掉落烟头的地方，如沙发缝隙等处，也要检查。

宝宝双腿向上蜷起是腹痛吗？

新手父母们注意啦！如果平时健康的宝宝突然发出持续、难以安抚地哭吵，哭时面部潮红，腹部胀而紧张，双腿向上蜷起，有时还会呕吐，严重者甚至就地翻滚时，可能是患肠疼挛了。

肠疼挛又称"痉挛性肠绞痛"，是小儿急性腹痛中最为常见的机能性腹痛。肠疼挛一般开始于宝宝两周左右，6～8周时达到顶峰，4个月之后发作逐渐平缓，但有的宝宝会持续到一岁以后，直到两岁才消失。

宝宝肠疼挛发作会持续数分钟或数十分钟不等，恢复过来的宝宝吃、睡如常，无任何不适。

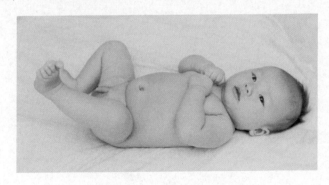

● 肠痉挛发作的原因及解决办法

引起宝宝肠痉挛发作主要有两种原因：胃食管返流或食物（包括奶粉）过敏。

解决办法

由于宝宝食管下端的括约肌还未发育成熟，食物进入胃部后括约肌无法完全关闭，导致胃酸反流到食管，刺激或"灼烧"敏感的食管，引起疼痛。

食物或奶粉过敏

※尽量采用纯母乳喂养。

※对奶粉过敏的宝宝，妈妈在哺乳期也要拒绝一切乳制品，包括冰激凌、奶油等。

※不要喂得太饱。避免给宝宝吃过甜、油腻或生冷的食物。

※尽量避开容易引起过敏的食物，如海鲜、柑橘类水果等。

※不要吸烟，尤其是哺乳期的妈妈。

胃食管返流

※给宝宝选择容易消化和不易引起呕吐的食物。

※半竖直地抱宝宝，尤其是喂奶的时候。

※少吃多餐，用正确的姿势喂奶，尽量避免宝宝吸入过多的空气。

※及时给宝宝拍嗝。

※给宝宝穿宽松的棉质衣服。

※采取正确的睡姿。

※注意宝宝腹部的保暖。

※应带反流严重的宝宝及时询医。

小心！宝宝眼神异常！

都说婴儿的眼睛是全世界最纯净的地方，黑、亮、没有杂质——当然，对于绝大多数的宝宝来说都是如此，可也有极少数宝宝，不仅双眼无神，而且喜欢斜着看人。针对这种类型的宝宝，家长千万不可掉以轻心，一定要尽快带宝宝去医院做检查，及时排除一切可能的眼部疾病。

● 宝宝眼部常见问题

婴幼儿的眼睛问题主要有两大类，一类是功能低常，一类是眼病。

功能低常，如低常视力，是发育问题，不少是在内因或外因的作用下，过早地停止了发育，从而引发永久性损害。早期发现、早期干预，绝大多数会随着年龄的增长，不断发育完善。

眼病则是指发生于眼睛的疾病，其种类很多，但多见于小宝宝，影响较大的主要有先天性与遗传性眼病，屈光异常和急性眼病（包括眼外伤和感染性眼病）。

● 宝宝眼神有异常的表现

父母怎样才能发现宝宝的眼睛有异常呢？

※眼睛能不能与人对视，捕捉目标不准确。如果不能注视，表明眼睛看不见，即没有视力，多为严重眼病（如视神经萎缩、某些先天性疾病）所致。如果不能准确看清目标，或者只看大的而不看小的物品，则表明眼睛视力较差。

※看东西喜欢歪头或眯眼。这种情况下可能有斜眼（斜视）或散光等问题。

※晚上视力差。如果一到夜晚，或进入黑暗的环境中，就看不清东西，无法注视目标，则可能患有夜盲症。

※两眼裂大小不等。多数宝宝双眼眼裂大小相同或相近，若差别过大，表明可能有先天性眼病。

※眼泪或眼屎过多。眼屎，特别是黄色呈脓性眼屎多则表明泪道有病，或眼部存在炎症。

※眼白发红或黑眼珠发白。眼白发红，说明结膜充血，是有炎症的表现。黑眼珠发白也很可能有炎症或其他眼病。

※瞳孔颜色异常，或者对光没反应。正常宝宝正对强光时，瞳孔可明显缩小，若无反应，或缩小勉强，就说明眼内有病。另外若瞳孔区不是深黑色，而带有白色、红色或黄色等，都表明眼内有问题，如白内障、眼内出血、炎症或肿瘤等。

※当宝宝眼睛出现以上问题时，父母一定要及时送医问诊。

宝宝喜欢吐泡泡该怎么办？

大部分妈妈都知道，宝宝长牙时喜欢流口水、吐泡泡。这是宝宝口腔不适的正常反应，只要及时帮助宝宝擦掉口水、护理好易沾染口水的部位即可。

但如果宝宝泡泡吐得很凶，且伴随呼吸异常的话就要注意了，这很可能是宝宝感染肺炎的一个信号。

●婴儿肺炎的症状

　　父母在下结论之前首先需要了解一下肺炎的表征。

※肺炎最先出现的症状是喘鸣，尤其是夜间更为明显，宝宝常常憋得喘不过气来。

※吐泡泡是肺炎的又一个明显症状。特别是在宝宝睡着的时候也一样有口水状泡沫流出，但这通常是肺炎发展到一定程度后才会有的症状。

※患肺炎的宝宝呼吸次数明显增加。新生儿期的宝宝安静睡眠时，呼吸次数不超过每分钟40次，40～50次则需要到医院诊断，要么是流感，要么是肺炎。

※吐奶（吐水）。肺炎宝宝吐奶的方式是"喷射"性的，区别于溢奶。

※呼吸有杂音。患肺炎的宝宝呼吸急促而响亮，带有"干锣音"。

※大便稀。小宝宝得了肺炎通常没有发热或者发高烧的情况，咳嗽也比较少，特别是新生儿的肺炎，咳嗽就更不明显，他们往往会把痰咽到胃里，然后由大便排出来，所以，得了肺炎的宝宝大便会有些稀。

※如果宝宝具备以上各种表征，父母要尽快送宝宝去医院检查。

●肺炎的预防及护理

预防

　　很多宝宝的肺炎是由感冒引起的，要预防宝宝患上肺炎，可以及时给宝宝注射相应的流感疫苗，同时注意天气变化，及时给宝宝增减衣物，以防感冒。平时多带宝宝进行体格锻炼，均衡饮食，尽量不去人群密集或空气不流通的地方。

护理

※保持房间通风好、空气清新。

※及时观察病情，了解如体温、心率、呼吸、小便量等方面的情况。

※多喂水，多吃新鲜水果。

※喂以松软、易消化的食物。

※减少亲友探视，尤其谢绝感冒的亲友探视。

New Stage
—— Learning to Speak

PART 3

牙牙学语新阶段
——声音和语言的发育

宝宝在出生后的头两年学习说话。最开始，他只能依靠舌头、
嘴唇、上颚和任何新长的牙齿来发出"哦、啊"的单音，
可过不了多久，他就能咿咿呀呀"组词造句"了。
说话早的宝宝可能四五个月大时，就能吐出"baba""mama"等词了，
第一次听见宝宝叫"爸爸妈妈"时，每个父母都会激动得无以复加。
从宝宝张嘴吐出第一个单音开始，他就已经做好了学语的充分准备，
爸爸妈妈请耐心地教给他们更多的词汇吧！

一、重视宝宝的呢喃儿语

宝宝出生时的哇哇大哭代表他第一次进入语言世界。他用这种方式来表达从母体进入全新陌生世界的震惊。从那时起，他就开始吸收形成他以后说话方式所需要的语音、语调和词汇了。

宝宝什么时候开始会"说话"？

性子急的父母恨不得宝宝刚生下来就能开口叫"爸爸、妈妈"，在宝宝的整个成长过程中，爸爸妈妈们都在焦急地期待着宝宝开口说话的那一天。

事实上，宝宝的语言发育远远早于父母的期许。研究人员发现，宝宝理解语言的能力从宝宝还在妈妈子宫里时就开始了。还没出生的宝宝已经习惯了听着妈妈稳定的心跳入睡，他会对妈妈的声音与轻柔的抚摸有反应。更神奇的是，宝宝出生后没几天，就能从其他人的声音中分辨出妈妈的声音了。宝宝正是通过这种"听"的能力来积累自己日后怎样发音、怎样组词的"说"的能力。

一般来说，1~3个月宝宝的语言主要是"哭"，这是宝宝与人交流的主要"用语"。

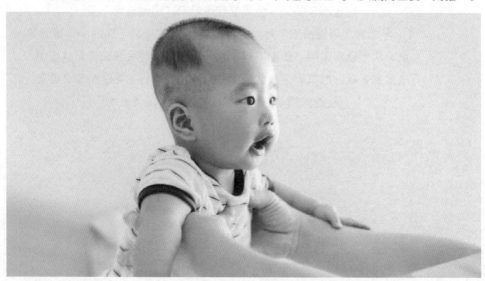

如一声尖叫可能说明他饿了，而呜咽、断续的哭声，可能表示他需要换尿布了。等宝宝大一些后，他就能发出更复杂一些的声音了，比如可爱的咯咯笑声、叹气声、唧唧咕咕声等，成了个小·声音制造厂。

宝宝从第4个月开始，逐渐有了一定的语言表达能力。在这个阶段，宝宝会开始喃喃自语了，并能把元音和辅音结合起来，比如"baba"或"yaya"。宝宝可能偶尔会进出第一声"妈妈"或"爸爸"来，这肯定会让爸爸妈妈无比激动，但其实这还只是他无意识的发音，此时的他还无法将发音与具体的人物联系起来。宝宝真正能有目的地用语言表达自己的需求，并能把语言与实物结合起来大概要到他1岁左右才能做到。

及时回应宝宝的对话

妈妈正在跟宝宝进行对话。

宝宝蹬蹬腿、舞舞双手冲着妈妈"咿咿喔喔"。

妈妈满脸笑容地对着宝宝点头："嗯，你在告诉妈妈你很高兴对吧！"

宝宝用一个灿烂的笑容回应妈妈。

爸爸在一旁看得惊奇不已，你能听懂我们宝贝的"外语"？

妈妈骄傲地点头，"那当然！"

真正全心全意爱着自己宝宝的妈妈自然而然就能知道自己的小宝贝在说啥。其实要达到与宝贝交流毫无障碍的地步也并不难，秘诀就在于多说、多回应。积极回应宝宝的需求是建立良好亲子关系的基础。

● 怎样有意识地训练宝宝发音

宝宝学语从模仿开始，模仿是宝宝学习说话的主要途径，要想培养宝宝的语言能力，父母需先成为让宝宝可以模仿的对象。平时在对宝宝说话时语速要慢，语调要轻，吐字要清晰，让宝宝能听清父母所发的每一个音。

除了模仿外，还要多说。宝宝的接受能力非常强，好奇心也很大，他会对周围所有一切新奇的事物感兴趣。因此，家长在陪伴宝宝的过程中，一定要多跟宝宝说话，认物、识人、提问等各种方式相结合，给宝宝提供丰富的素材，激发他的表达欲望。当然，对于年幼的宝宝，不需要刻意教会他去说，先给宝宝创造一个丰富的语言环境，说得多了，宝宝耳濡目染就记在心里了，等到了一定的时机，这些积累便会爆发出来，宝宝自然能够说得又快又好！

● 不要打断宝宝说话的兴趣

小宝贝睡饱喝足了，一个人躺在床上自言自语、自得其乐，妈妈坐在一旁静静陪伴着，还示意奶奶干家务活时动作轻些，不要打扰到小宝宝的兴致。奶奶虽然听不懂宝宝嘴里"叽里哇啦"说的是啥，但见他一会儿挥手、一会儿尖叫似乎格外开心，便也开心地笑了。

小宝宝心情好的时候，可以独自一人兴趣盎然、自言自语地说上好一阵子，此时父母切不可莽撞上前打断宝宝。可以在旁静静聆听，或适时给予一些反应，比如用宝宝的语言"哦，哦，哦"回应他，他会很兴奋地与你对话："哦，哦，啊。"

需要注意的是，父母回应的时候，

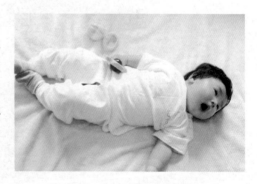

语气要温和，嘴形可以夸张一些，宝宝会下意识地模仿大人的嘴形，看到大人积极地回应自己的话，会让他格外起劲。

儿语里的秘密

德国一项研究表明，人的语言天赋与婴儿时期的啼哭声调是息息相关的，新生儿出生后，啼哭的音调越多变化、越丰富，那他学会说话的时间就越早。在1岁半内能学会的语句也越多。而对于出生后啼哭声调趋于单一的孩子，可能预示着将来学习说话的难度大一些。父母可以通过音乐方面的训练来提高他今后的语言发展能力。

● 婴语的秘密

小宝宝虽然还不具备说话的能力，但却不缺乏对音乐的感受能力，他们对家长说话时的声音尤为敏感。宝宝自己的声音也会因为想要表达的需求不同而各有高低起伏，下面，让我们一起去探秘一下小宝贝们独特的"婴语"表达吧！

秘密一：新生儿婴语大揭秘

发 音	近似音	表达的意思
ao	嗷嗷	疲惫、累了
ena	嗯啊	不舒服，不要
biya	比呀	口渴了
enn	嗯呢	尿湿了
han	汉	拉臭了
yiya	咿呀	热/冷
hehe	呵呵	吃饱喝足很开心

秘密二：情景设置&语言秘密

情 景	声 音	表达的意思
给生病的宝宝喂药	啊——啊——啊——	苦！好苦！不要喝！
给宝宝一个卡通玩具	啊！啊！啊啊啊！	给我！我要！
将宝宝给陌生人抱	嗯唔！嗯唔！	不，不要，我不喜欢！
喂奶中途停了一下继续喂	嗯唔！哼哼——	凉了，我不喝了！
饿了喂母乳	唔……嗯嗯嗯……	真好吃！我爱吃！
看到妈妈吃水果	哼……哼……	我也要吃，给我一块！
看到许多小朋友在一起玩	啊——呜呜——	我也要去！妈妈让我去！
看到小动物出没	嘿！嘿！	快看，那有小狗（小猫）！

● 音调的秘密

小宝宝除了运用他们特有的婴语来
表达需求，百转千回的音调中也蕴含着许
多小秘密哦！

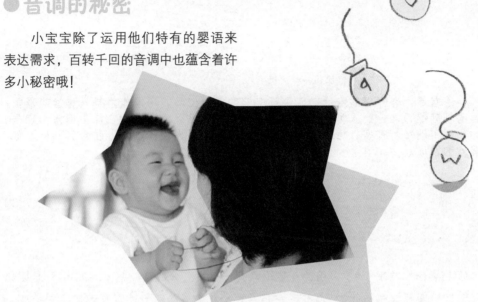

秘密一：宝宝快乐和生气的音调都是干脆的，而心烦意躁的音
调是曲折的

宝宝高兴的时候，无论是发出大声的"啊"，还是发出轻声的"唔"都是直来
直去的语调；相反，宝宝感到饥饿、郁闷或不耐烦的时候，即使是"哼哼啊啊"，
也会把音调绕得百转千回，好像只有这样，妈妈才能懂得他有多烦恼。

秘密二：宝宝发出的声音分为间歇性和持续性两种，在不同的
情境下分别代表不同的意思

发出的声音	情绪表达
持续高八度的尖叫	强烈的欲望，想要
频率高、音量小、音调低	猴急
低八度吼叫	烦躁不安
如蜂鸣般"嗡嗡嗡"	闹觉
每次叫声小而短暂，总体持续时间长	发烧了，身体不舒服

当然，每个宝宝都是一个独立的个体，有着自己独特的个性，宝宝个性不同，
表达的方式也不尽相同。以上各种情景与剖析只能代表大多数宝宝在大多数情况下
的表现，要更好地揣摩宝贝的小心思，需要父母付出更多的耐心，给予宝宝更细致
的照料与关注才行。

二、语言的培养与开发

Development of Linguistic Competence

语言是人类开展思维活动、进行交流的重要工具。语言能力是人类智能最重要的基础能力之一。人类的语言能力是一种潜遗传能力，尽管它与生俱来，但是如果得不到及时开发，也会逐渐丧失。语言能力若发展不理想，就会影响到其他能力的发展。

如何抓住宝宝语言发育的敏感期

科学研究发现：8岁之前的儿童语言有三个发展关键期：出生8~10个月是婴幼儿开始理解语义的关键期；1岁半左右是婴幼儿口头语言开始发展形成的关键期；5岁半左右是幼儿掌握语法、理解抽象词汇以及综合语言能力开始形成的关键期。如果在关键期进行科学系统并且具有个性化的教育和训练，幼儿相应的语言能力将得到理想的发展，而一旦错过关键期，则会造成发展的不足，以后就是花数倍的力气也难以补偿。特别需要注意的是，如果在关键期受到非科学而杂乱的教育则会严重影响幼儿语言能力的发展，出现严重偏差，对以后的发展造成障碍。

从出生到一岁的前语言时期，正是宝宝学习语言的敏感期，爸爸妈妈一定要在这个时期发展宝宝的语言学习能力，为以后打基础。

尽早开展语言刺激

对宝宝进行语言刺激要尽早开始，在婴儿还没有出生前，就要有意识地和胎儿进行交流。在婴儿出生后，妈妈要每天坚持与宝宝说话，不要以为此时的宝宝还小、不懂也不会说，等宝宝长大点再培养也不迟。这种想法是错误的，尽早地跟宝宝交流，可以刺激宝宝语言中枢神经经和大脑的发育。别看宝宝暂时无法对妈妈的话语给予回应，但这是宝宝厚积薄发的过程，等到了一定时机，宝宝就会突然来个"大爆发"，将妈妈之前教过的东西都记下来。

需要注意的是，妈妈在跟宝宝说话时，语音要轻柔，语速要放慢，还可以伴着优美的旋律。比如：妈妈可以给宝宝轻轻地唱儿歌、读诗歌等等。但是，一定要把握好度，对新生小宝宝的语言刺激不能过于频繁，时间不宜过长，最好每次保持在15分钟左右。否则会造成宝宝大脑和神经的疲惫，结果适得其反，不利于宝宝的正常发育。

交流无处不在

许多父母困惑，该怎样寻找与宝宝交流的话题呢？其实这个问题根本不是问题！日常生活中，当父母喂宝宝吃饭、为他提供生活照料的时候，或是带着宝宝外出时，都是和宝宝进行口头言语交流的绝佳机会。父母可以将情景与语言有机地结合起来，给宝宝创造一个全语言的交流环境。

如换尿布时，可以告诉宝宝："妈妈要给你换尿布咯，洗干净小屁股，换干净尿布，宝贝舒舒服服真高兴！"再比如喂宝宝喝水时，可以告诉宝宝："来，张开小嘴巴，喝水啦！"特别是带着宝宝外出时，沿途所见所闻，均可作为与宝宝谈话的内容。

学会怎样说话

父母在与宝宝交流时，一定要注意音调和拟声叠词。宝宝们虽然不会说话，但是他们对不同音调的感觉是不同的，升调可以吸引宝宝的注意力，降调则可以安慰或唤起宝宝的积极情绪。另外，父母在和小一点的宝宝讲话时，多用宝宝喜欢听的拟声叠词。比如"小鸡叽叽，小鸭嘎嘎……"宝宝听后会很开心，然后自然就试着去模仿了。

●宝宝晚说话是有问题么？

妈妈带着十三个月大的宝宝出去玩，一路上看见什么就跟宝宝说什么，还教宝宝与熟悉的人打招呼，宝宝心情非常好，叽里咕噜地跟着妈妈学语。旁边另一位妈妈看见了，无不羡慕地问："你家宝宝多大了，怎么就能说这么多词了啊！"妈妈回答后，对方惊讶极了，紧接着却是一脸的担忧："我家宝贝都快两岁了，除了叫'爸爸妈妈'，还什么都不会说呢。是不是有什么问题啊？"

其实，每个宝宝开口说话早晚有差异，有的宝宝一岁左右就说得很好了，有的宝宝近三岁才开口，尤其男宝宝，一般比女宝宝说话又会稍微晚些。妈妈不必太担心，但需要给宝宝充分的语言刺激环境，两岁左右是宝宝语言发展的关键期，妈妈要多与宝宝交流，同时多鼓励宝宝开口。

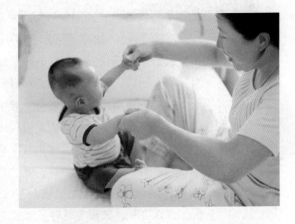

需要注意的是，父母在日常生活中不要训斥和责骂宝宝，也不要因为自己的孩子说话比较晚就觉得孩子笨，每个宝宝的发育都有个体差异，说话早晚并没有特定的标准。比起无情的嘲骂，表扬和鼓励会更有效果。

营造良好的语言环境

● 奶奶说方言 爸爸讲英语 妈妈教日文 你们让我学谁好？

小强两岁多了还只会简单地叫"爸爸妈妈"，看到周边同龄的宝宝能说会道，可把小强妈妈急坏了，赶紧带小强去医院检查。经检查、询问，医生认为，小强无论体格还是智力发育都没问题，之所以语言发育比不上同龄儿，都怪小强家里的语言环境太复杂。

原来，小强爸爸在外资企业上班，平时多用英语打交道，而妈妈则是日语老师。爸妈为了让宝宝能"超前"掌握多门外语，每天对着孩子用不同的语言交流，几乎是英语、日语、汉语轮番上阵。但小强的日常护理又完全依赖于讲方言的奶奶，试问在如此多"语种"的环境下，让小强学谁好呢？因此，小强不仅没有"三语"齐头并进，反而连以前会说的一些简单汉语也越说越少，几乎"失语"。

过于复杂的语言环境会影响到宝宝语言的学习，也会延长宝宝学会说话的时间。1~3岁的宝宝，正处在语言发育的关键期，他们还没完全形成自己的语言，如果家庭语言环境太复杂，会给正在模仿成人语言的孩子造成很大困惑，最终延迟语言发育甚至导致语言发育障碍。所以，教宝宝说话，最好统一用标准的普通话；和宝宝进行语言交流时，家长要和宝宝面对面说话，发音、吐字要准确清晰。这样对宝宝的语言学习才是有利的。另外，在宝宝语言发育的关键阶段，当他们有某种需求时，家长要鼓励他们用简单的话语表达出来，这是促进语言发育的好机会。不要每次当宝宝伸手指向自己想要的东西时，家长不等宝宝开口，就"心有灵犀"地满足他；有时甚至宝宝抿抿嘴，家长就把水递过去了。长此以往，宝宝没有说话的需要，势必影响语言发育。这种"代劳""包办"，变相地剥夺了宝宝说话的机会。

　　即使面对不会说话的小宝宝，家长也不能呵护过分，宁愿让宝宝为了唤起大人的关注哭闹两声，或用手势表达，这样对他以后学说话也是有好处的；而一旦宝宝会说简单语句了，他再用手势表达需求，家长也不能立即满足，要有意识地鼓励他用语言表达，如问他"宝宝要什么？喝奶还是喝水？"鼓励宝宝说出来。假如他表现得好，要及时给予表扬及鼓励，增强他主动说话的自信心。

●心急吃不了热豆腐——牙牙学语从日常生活开始

为了让宝宝能够接触多方面的知识，促进其语感的发育，爸爸妈妈们可谓用尽了心思。识字卡、诗歌、绘本、儿歌齐上阵，轮番其"轰炸"，恨不得马上将还未能开口说话的宝宝培养成为"小天才"。这么激进的做法是否能让父母达成所愿呢？

在0~3岁宝宝的语言发育敏感期中，父母采取以上各种方式对宝宝进行语感刺激是很有必要的，但要把握好刺激的"度"，切忌"过度"。

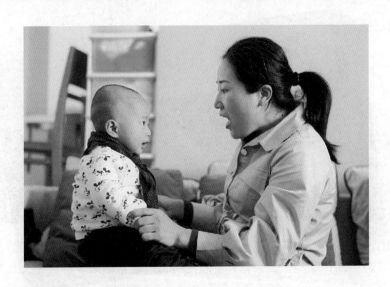

对于小宝宝来说，过量朗诵诗词歌赋远远没有日常生活中的一举一动更吸引他，父母对宝宝的语言训练从最基本的认人识物开始更合适。这包括教宝宝认识身体部位、亲近大自然、了解基本的生活常识等各方面知识。

父母可以从游戏中教会宝宝这些内容。比如让宝宝按照你的语言提示，指出自己的身体部位；或者充当"导游"的角色，向宝宝介绍家里物品的名称、户外沿途所见所闻等等。这对提高宝宝语言能力非常有效，也有利于促进宝宝的社会化发展。

针对宝宝学说话的特点，父母在对宝宝进行语言训练时，注意以下几个小细节。

※耐心重复说话内容，注意观察宝宝的反应。

※和宝宝说话时，注视宝宝的眼睛。

※说话声音清晰，注意音调的柔和度。

※使用标准的普通话，语调缓慢、温柔。

※提一些宝宝感兴趣的问题，引导宝宝说出正确的答案。

※带宝宝多接触外界事物，引导宝宝说出事物的名称。

●不要跟宝宝说"儿化语"

奶奶对幼小的孙子格外疼惜，平时捧在手里怕摔了，含在嘴里怕化了。就连平日与宝宝交流时也下意识地模仿宝宝的说话习惯，语气宠溺地一会儿让宝宝"吃饭饭"，一会儿问要不要"喝水水"？想不想"睡觉觉"……这样的溺爱会有什么后果呢？

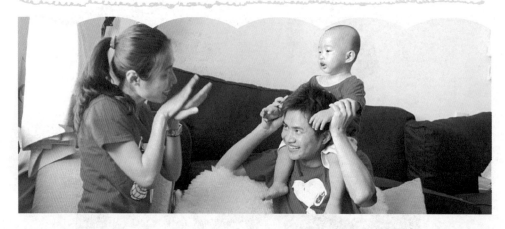

"吃饭饭"、"喝水水"、"睡觉觉"……这些可以瞬间拉近与宝宝之间距离的语言称之为"儿化语"，因为幼儿喜欢用类似的叠字语来表达。在大多数的家庭中，如此对话场景，每天出现多次。不少家长跟宝宝说话时，都会不自觉地跟随宝宝用儿化语，觉得这样才能适应宝宝的语言发展状况。但其实，儿化语不利于宝宝的语言发展。

首先，用儿化语和宝宝说话，意味着宝宝必须建立两套语言符号系统，这将拖延宝宝学说与成人一样的正常话语的时间。

其次，经常说儿化语，对宝宝智力和性格的发展有很大影响。幼儿的大脑发育较快，求知欲很强，如果宝宝总是使用他们习惯的儿化语，就将习惯于无需多做努力的语言环境，语言潜能将得不到激发。

第三，经常使用儿化语和宝宝交流，会让宝宝觉得成人与成人说话和与自己说话不一样，这会让他产生自卑心理。

因此，为了帮助宝宝更好地学习说话，父母最好跟宝宝说成人标准语。这有利于宝宝的语言发展，帮助宝宝完成语法结构的学习。并且成人语中富含逻辑性，与宝宝说成人标准语有利于宝宝认知的发展，对其认知水平有潜移默化的影响，同时还可以促进宝宝人际交往能力的发展。

● 宝宝说话结巴怎么办？

两岁多的宝宝一直说话很正常，可最近突然变得有些结巴，特别是每句话开头的那两个字，要重复几次才能磕磕巴巴地说完整。这下可急坏了爸爸妈妈，赶紧带着去医院检查。一番忙乱过后，医生的结论却是父母"过于紧张"。这是怎么回事呢？

　　口吃，俗称"结巴"。在两岁多宝宝学说话的高峰期，有时会出现语音的重复和句子的中断，这是儿童发育过程中的一个自然现象，一般称为"暂时性结巴"，随着宝宝的发育成熟，多数能自然矫正。

　　但父母要注意消除周围环境中有可能导致宝宝结巴的因素，帮助宝宝矫正结巴。一般来说，造成宝宝结巴的原因有以下几点。

※在宝宝刚刚开始学说话时，经常模仿结巴的人说话。

※父母对宝宝说话的要求过严过急，或是周围的人对其说话方式经常嘲笑，致使宝宝说话时十分紧张，害怕说错，日久也会形成结巴。

※有家族遗传史。

　　如果宝宝不幸"结巴"，家长也不用太担心，更不能讥笑、斥责、打骂或惩罚宝宝。任何加重宝宝紧张心理的做法都是不可取的，因为一旦父母紧张了，说话的语气、语调会流露出来，宝宝受到暗示，也会紧张，说话就更不流利了。

正确对待宝宝的尖叫

一向"斯文"的宝宝最近却爱上了尖叫，于是高兴时叫、不高兴时也叫，无聊时叫、烦躁时也叫……这些刺耳的尖叫声扰民不说，真够让爸爸妈妈心烦的，情急时恨不得封住小家伙的嘴巴。

到底是什么原因让小宝贝这么喜欢尖叫呢？

叫声也是宝宝语言表达的一种方式，从沉默到尖叫再到说话是一个必经过程。当宝宝发现自己可以发出这么"高亢"的声音，吸引那么多人注意时，他会非常得意！在宝宝认为，能尖叫是一件值得自豪的事情，不仅刺激有趣，还能变换各种音调。所以，宝宝不管遇到什么"特殊"的事情时，都忍不住喊上两嗓子，来宣泄自己无法言表的情绪。如果他们的叫声成功地吸引了大人的注意，下一次，他们的分贝会更高，持续的时间会更长。

●宝宝尖叫的原因

导致宝宝尖叫的原因主要有以下几种。

◆尿湿了、饿了、累了、想睡觉了或者受伤了

当年龄小的宝宝无故尖叫时，妈妈应该看看宝宝身上有没有什么令他不舒服的状况发生：尿布湿了吗？很久没喝奶了吧？是不是碰到了身体的某个部位？

◆感觉到寂寞了

这是宝宝惯用的小伎俩。当爸爸妈妈忙碌于工作或家务而忽略了对宝宝的关注时，小宝贝便会用这一招引起父母的注意，要求父母陪伴和爱抚。

◆情绪不稳定、烦躁不安

带宝宝前往一个陌生而嘈杂的环境，或家里来了许多客人……突如其来的热闹纷繁会让宝宝一时难以适应。此时父母应给予宝宝拥抱与安抚，让他们渐渐安静下来。

◆不想被关在围栏或婴儿床里

用围栏或婴儿床代替妈妈温暖的怀抱，不仅束缚了宝宝的自由，还失去了妈妈的关注，宝宝当然极度不满，要发出抗议啦。此时妈妈应该尽量放下手头上的事，专心陪伴宝宝。或将宝宝与婴儿床一起转移到妈妈的视线之内，对于小宝宝来说，知道你在他身旁，或是一个新鲜有趣的环境都可以让他立刻转移注意力，不再尖叫。

●轻松应对尖叫宝宝

相比较宝宝的笑、撒娇等可爱表情，刺耳的叫声毕竟不那么受人欢迎，父母应该怎样做，才能掌握控制宝宝尖叫的技巧，从而轻松应对呢？以下提供了几种方法不妨一试！

不宜制止型

兴奋的尖叫

发现一个有趣的玩具、看到熟悉的人、想吃大人手里的零食……这些情况都能引起宝宝兴奋或心急的尖叫。面对这种情形，只要这些尖叫不会影响到其他人的工作、休息，爸爸妈妈就不应该制止。这是宝宝表达兴奋情绪的一种方式。正确地表达自己的情绪，是每个宝宝走向社会化的重要一步。

想引起注意的尖叫

当宝宝用尖叫想引起他人的注意时，父母应立即反省自己，是否给予宝宝的关注太少。宝宝的成长需要别人的关注，更需要他们心目中重要人的关注。

留待观察型

语言替代的尖叫

宝宝1岁后，开始产生强烈的自我主张，很多事情都想要自己来做。但却无法顺利地用语言表达，于是借助于大声的尖叫。比如，宝宝想自己走，可是妈妈怕宝宝摔跤牢牢地抓着他的小手。宝宝无法用语言来表达反抗，于是通过尖叫来抗议。此时，妈妈应该及时发现宝宝的意图，并尽量满足宝宝的合理要求。但等到宝宝学会简单的语言表达了之后，爸爸妈妈应该及时制止宝宝用尖叫来替代语言的方式，并

告诉宝宝，有许多方式可以表达自己的需要，比如，语言加手势等。一定要告诉宝宝用大声的尖叫来表达自己的需求是一种不好的方式。

需要注意的是，1岁左右的宝宝正是刚刚开始学说话、对自己的声音感到好奇的时候，所以，他们常常会用尖叫的方式，来满足这种好奇心。

害怕的尖叫

宝宝因为害怕而大声尖叫时，父母应该第一时间出现在宝宝身边，安抚宝宝的情绪，给予他们足够的安全感。待宝宝彻底安静下来后再弄清导致宝宝害怕的原因，并对症下药帮助宝宝排除障碍，克服害怕心理。

果断制止型

对抗性的尖叫

　　这种尖叫更常见于大点的宝宝。2~3岁的宝宝，开始意识到自己的存在，他们开始有许多自己的想法，知道自己和别人是不一样的。当现实与他们的愿望并不一致，或父母不能满足他们的要求时，就会闹情绪，表现出各种对抗的情绪和行为。比如，大声地尖叫。在儿童心理学中，把这个时期称为"人生第一个逆反心理期"。

　　当宝宝出现这种情形时，父母应尽量避免和宝宝发生明显的冲突，让孩子有机会决定自己的事情。但如果是不合理的要求时，父母一定要坚持原则，不轻易妥协。可以采取冷处理的方式，暂时"晾晾"他，用行动告诉宝宝这件事情不能做，没法妥协！只要一开始就把握好原则，以后再碰上类似的事情宝宝自然就不再无理取闹。

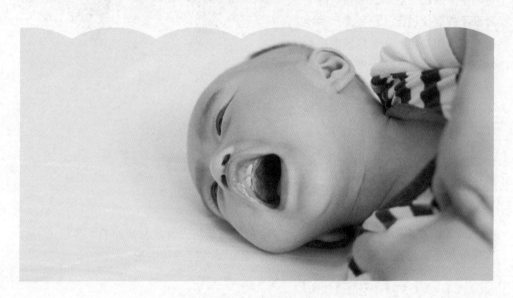

试探性的尖叫

　　宝宝的这种尖叫更像是上面"对抗性尖叫"的前奏。当他们试图达到自己的目的时会很有"心计"地大声尖叫来试探父母的心理底线。此时他们的尖叫也许并不是真的想反抗，如果父母妥协自然见好就收，如果遭到拒绝很可能会更剧烈地反抗。还是那句话，父母要把握好原则，不能答应、不能妥协的事情坚决不妥协，否则宝宝会以此为法宝，一旦达不到目的就用尖叫来"宣战"。

恶作剧似的尖叫

宝宝的模仿能力强，有可能无意中看到别的宝宝尖叫，觉得很好玩，自己也会学着尖叫。此时，如果妈妈反应太大，用平时不多见的严肃表情加以制止的话，宝宝很可能不仅不会停止，反而会觉得妈妈的表情很好玩，从而叫得更起劲。

这无疑是强化宝宝尖叫的一种暗示，因此，遇到这种情况时父母既不要表现过激，也不要严厉地批评或斥责宝宝。而是应该很平静地告诉宝宝这种声音很难听，妈妈不喜欢。等宝宝意识到妈妈确实很不喜欢时，自然就失去表现的兴趣了。

● 尖叫的益处

其实，让人听起来刺耳的尖叫声对宝宝的成长与发育是有益处的。喜欢尖叫的宝宝一般身体也比较好！持续几十秒的叫声能锻炼宝宝的肺活量。

尖叫有助于完善发音系统

3个月的宝宝就可以发出尖叫声，到6个月的时候会达到一个小高潮；而10个月左右的宝宝更喜欢将尖叫的本领发挥到极致。这其实意味着宝宝要开始学习说话了，语言水平即将飞速发展。宝宝正是利用它来锻炼自己的发音系统。就像小鸟初试啼声一般，这会让他们觉得非常有意思！

有助于父母及时了解宝宝的需求

尖叫是宝宝对周围环境的积极反馈，它能让父母及时了解自己的意愿，并给予相应满足。这种照顾者与被照顾者之间的良性互动，是加强亲情链钮的重要环节。

三、天才外交家

Genius Diplomatist

阳光、海水、沙滩、新鲜的空气……连大人想想都会忍不住诱惑去拥抱大自然，活泼好动的小宝贝又怎么按捺得住呢？宝宝天生就是一个小小的外交家，他们热爱自然、喜欢人多热闹的地方。带宝宝亲近自然是一种很好的促进父母与宝宝亲密情感的方式，人与自然本身就应该融为一体。

多带宝宝去户外活动

细心的妈妈会发现，宝宝每天一到准备外出的时刻就格外兴奋，手舞足蹈地等着妈妈带着去户外活动。如果哪天外面下雨影响了出行，宝宝肯定不会善罢甘休，要尽招数闹着要出去玩。

宝宝喜欢去户外玩，因为户外有充足的阳光和新鲜的空气为伴，还有许多小伙伴相陪。带宝宝去户外，既满足了他们爱玩好动的天性，又增加了他们与大自然亲近的机会。

●户外活动好处多

　　户外活动的形式是多种多样的，比如：散步、亲子体育游戏、外出郊游等。通过各种有趣的户外活动，不仅可以开阔宝宝的眼界，让宝宝认识外界许多事物，也是发展宝宝各种能力的好时机，还能帮助他们更多地认识这个多姿多彩的世界。

增进观察力

　　年龄越小的宝宝对外界事物越是感到好奇，什么都想知道。对于自己还不能表达的小宝宝，父母要做好"导游"的工作，随时向小宝贝介绍周遭的一切事物。如果是已经可以提出"这是什么呀"的大宝宝，父母则应该及时给予积极的回应，详细解答宝宝的疑问，以进一步激发宝宝观察的兴趣，而不是草草地应付或只是不耐烦地回答。同时，父母也可以通过游戏的方式有意识地引导宝宝进行观察，比如鼓励宝宝找出红颜色的花、认出广告牌上的字等等。长此以往，宝宝的观察能力就会越来越强，同时求知的欲望也会更加强烈。

提高社交能力

　　对于独生子女和一些性格相对内向的孩子来说，走出家门与其他小伙伴多交流，有利于促进宝宝乐观性格的形成，提高社会交往的能力，同时还能从中发展语言表达能力。宝宝与小伙伴们一起玩游戏时，可以培养宝贝的探索精神、规则意识等，从而获得成就感，树立自信心。

加强自我保护能力

　　在户外活动中，难免会发生一些小意外，如摔跤、碰撞等。父母应该加强对宝宝自我保护意识和能力的培养。如告诉他摔跤时用双手撑地，追逐游戏中如何躲闪，平衡时借助其他物体保持平衡等，这些都有利于宝宝日后进行自我保护。

●让宝宝感到愉悦的户外运动

户外运动要根据不同年龄段宝宝的特点进行。

0~1岁：晒太阳、滑滑梯、荡秋千等

晒太阳可以帮助宝宝获得维生素D，使宝宝的骨骼长得健壮结实，对宝宝软骨病、佝偻病有预防作用；在大人的协助下滑滑梯、荡秋千则可以促进宝宝大动作能力的发育，增进平衡感。

1~2岁：踢球、坐跷跷板、骑木马、玩沙子等

玩沙子不仅是游戏，对宝宝的成长发育也大有益处。沙子给宝宝的特殊触感可以促进宝宝感知觉的发育；在玩沙子的时候，宝宝用力拍打沙子或用铲子将沙子铲起，可以锻炼宝宝的精细动作，促进肢体协调；宝宝将沙子堆成自己想象中的任意形状，可以尽情挥洒他们的想象力和创造力，更会进一步发展宝宝对空间关系的认识能力；而且宝宝可以用自己喜欢的方式去玩，感受到自我控制的乐趣，他们的心情会很愉快，这对于那些缺乏自信心或者性格内向的宝宝来说，更有满足感和成就感。

两岁以上：适合简单的器械运动如放风筝、骑三轮车、跳绳、轮滑等等

练习轮滑不仅可以提高宝宝身体的平衡性、协调性、灵活性、体能、耐力，培养宝宝不怕苦、不怕累的精神。而且每完成一组动作，都会使孩子产生一种满足感，可以增强信心，对孩子的性格培养很有好处。此外，轮滑与其他体育项目相比，更具有趣味性、观赏性。

● 户外运动安全指南

带宝宝参加户外运动的时候，一定要做好安全措施，以免意外发生。

选择安全的场地

带宝宝玩要避开人多、车多的地方，以免被突如其来的行人和车辆撞倒；路面要平坦，最好是草地或土地；去游乐场游玩时，要看看设施是否完整、安全。特别要强调的是，父母不要只顾着说话或做其他事情而把宝宝放一边不管不问，即便是设施完备的游乐场所也会因为宝宝使用不当或其他意外事故而发生危险。

避开剧烈运动

不要让年龄小的宝宝做太过剧烈的运动，特别是在炎热的夏季。要提醒宝宝不要做从高处往下跳、快跑等危险动作，以免摔倒或碰撞。

不做超前运动

根据宝宝的年龄或月龄来选择适合的游戏项目，不适合宝宝做的，一定别让他超前试验，那样无异于拔苗助长。

给宝宝选择一双舒适合脚的鞋

宝宝的鞋大小要合适，太小的鞋夹脚，限制宝宝活动；太大的鞋松松垮垮，走路容易摔跤。另外，鞋底一定要柔软、透气，要有保护脚后跟的鞋帮，让宝宝走起路来行动自如，感觉舒服。

预防疾病，注意卫生

流感高发期时不要带宝宝前往人流量大、空气不流通的地方。不要让宝宝把公共物品或者其他东西放到嘴里，以免细菌从口而入。运动后要及时给宝宝洗手，以免细菌滋生。

穿着适宜

宝宝运动时不要穿得太厚，会影响宝宝的运动质量。最好给宝宝带一件衣服，运动完毕出汗时，再给宝宝披上。同时备一顶帽子，宝宝出汗后及时戴上，以免头部着凉。

饮食及喂养

给运动后的宝宝喝温水，既解渴又不伤脾胃。妈妈运动后不要马上给宝宝哺乳，应等汗消下去后再喂。不要在运动过程中给宝宝吃食物，以免宝宝噎呛或消化不良。

做个社交能手

●敬个礼，握握手，知书达礼从小做起

妈妈每次带淘淘外出时，都会教淘淘与熟悉的人打招呼，离开时也不忘提醒淘淘与人挥手说再见。到淘淘学会开口讲话时，已经能够自己主动问候他人了。大家都夸淘淘是个懂礼貌的好孩子，妈妈嘴上谦虚，心里可免不了得意！

懂礼貌是宝宝人际交往中重要的一课。懂礼貌的宝宝更受人欢迎，也更容易交到朋友。想要让宝宝成为一个知晓礼貌、遵守礼貌礼仪的好孩子，需要家长耐心的帮助与教育。

培养礼貌意识

聪明的妈妈应该从小就灌输给宝宝关于礼貌的意识，如上面案例中的妈妈一样，随时随地地引导宝宝主动与人打交道，使用礼貌用语。即使宝宝小、不会说话也没关系，这种习惯会被他记忆下来，等到能开口说话了自然就将礼仪当成了一种习惯。

调整心态，做好榜样

妈妈要调整自己的心态，不要因为宝宝一两次表现不好，就责骂宝宝，也不要总是将自己的宝宝与别人家宝宝相比，让宝宝觉得"妈妈因为我而感觉到羞愧"。正确的做法是以身作则，给宝宝做个好榜样，同时鼓励宝宝主动与人打招呼，如果宝宝做到了，要对宝宝的礼貌行为进行表扬、肯定，让宝宝知道这是个好的行为，并乐意保持下去。

加强物权意识

平时知书达礼的宝宝到了朋友家突然变成了"人来疯"，跑进跑出不说还喜欢翻人家的抽屉，这实在让妈妈很尴尬。

其实，这是因为年幼的宝宝还没有物权的概念，分不清什么东西是自己的，什么东西是别人的，也没有别人的东西不经允许不能随便乱碰的概念。在宝宝认为，这样做并不是没礼貌的行为，反而是一件好玩的事情。对于这种情况，妈妈可以在当下温柔地制止，然后为宝宝示范如何请示他人得到同意，并鼓励宝宝谢谢对方，这样可以帮助小宝宝树立良好的礼貌习惯和物权意识。

注意文明用语

宝宝的心思都是直接而坦诚的，这无疑是优点，但如果社交场合中宝宝直接说出"你是猪！""阿姨，你的嘴巴好臭！""妈妈，这个新娘不好看。"……听到此类的震惊之语时，恐怕每个妈妈都会措手不及，窘迫难当。

其实宝宝所说的话未必是为了故意要侮辱和伤害别人，所以家长不要急着对宝宝横加指责，而是

应该告诉宝宝，不一定要当场、马上把所有的感觉讲出来，如果只想说给妈妈听，附在耳边说就好。但事后一定要严肃地告诉宝宝，这样说别人是不对的，可让宝宝将心比心，反问他："如果别人也这么说你，你会不会很难过？如果会，就不要这么说。"还要提醒宝宝，常常说这种话会得罪人，没有人喜欢跟他做朋友。最后告诉他应该使用其他文雅有礼的语句。

总之，宝宝礼貌的培养需要家长和孩子共同的学习。站在与宝宝平等的角度交流，会比纯粹的斥责更有效。家长不能在宝宝表现失宜的时候做出沮丧、生气、暴怒的表情，应该为宝宝树立正确的榜样，引导他做出正确的行为，这样才能真正对宝宝的人际交往能力起到帮助。

● 小宝宝为什么喜欢跟大孩子玩？

十七个月的宝宝每次去外面玩都喜欢凑到大哥哥姐姐们的游戏圈子里去玩，即使大哥哥、大姐姐并不想搭理这个小不点，他也丝毫不介意，依然追着哥哥姐姐们跑，反而对年纪比他小、喜欢拉着他手一块玩的小宝宝们不屑一顾。

0~3岁的宝宝喜欢与大孩子玩，不喜欢与同龄或者比自己小的宝宝玩，是一个比较普遍的现象。这是因为此阶段的宝宝逐步学会稳步行走和初步的语言表达这两大重要能力，使他像一个小小的探险家一样，随时随地地以积极的态度去探索周围的世界，看着周围的大孩子有强大的本领、丰富的招数和灵巧的动作，不自禁便产生了强烈的亲近、依附甚至崇拜心理，因此，特别渴望自己能够像大孩子那样玩耍。于是，小宝宝成为大孩子的忠实粉丝，大孩子做什么，他也想模仿做什么；自己做不来，就在旁边观望；即使有时受点委屈和欺负，仍然既往不咎，转身还跟着他们玩。

许多家长怕自己的小宝宝被大孩子欺负、会吃亏，从而阻止宝宝跟他们玩，其实没必要刻意如此，因为宝宝和大孩子玩可以学到许多新技能，只要做好必要的安全防护，不妨放手让宝贝玩个痛快。

尊重宝宝跟大孩子玩的意愿

喜欢跟大孩子玩，是宝宝自然产生的良好愿望，家长要给予理解与尊重。尊重就意味着家长创造条件让宝宝与大孩子一起玩，并给宝宝自己体验的机会，而不是以自己的喜好与判断来代替宝宝的感受。当然，如果有的大孩子有"滚开""笨蛋""傻瓜""蠢猪"等粗鲁言行，家长就应该直接抱走宝宝，远离不文明的环境。

关注宝宝并做好保护宝宝的准备

0~3岁宝宝虽能独立行走，但其骨骼、肌肉正处于发育时期，动作尚未达到熟练的程度，对空间距离的判断和目测力不够准确，对危险的预料和自我保护能力也有限，因此他们跑时常常跌跌撞撞。而大孩子的动作有时很快、很莽撞，不会照顾小宝宝的身体，小宝宝很容易跌伤或碰伤。即使玩比较安静的游戏，有的大孩子不会照顾小宝宝的心理，把他当作玩具一样摆弄，甚至欺负小宝宝。所以家长虽然不能随意、粗暴地干涉孩子们的游戏，但要保持关注，注意适时保护自己的孩子。

不要过分担心自己的宝宝会不会吃亏

孩子有自己的"社交圈"，不管是大孩子还是小孩子，只要孩子们在一起游戏就会有长进。孩子之间有冲突，不管吃亏还是占便宜，对孩子而言都是一个提高认识、丰富经验与锻炼能力的过程。所以，家长只要做好基本的安全防卫工作，放手让孩子大胆交往才是最重要的。

指导小宝宝学习与人交往的基本技能

在玩的过程中教会宝宝规则、礼貌等日常行为准则。例如礼貌地与人打招呼，学会说"可以给我玩一玩吗"，学习轮流、等待与商量，舍得与人分享，乐意合作与助人；还要学习坦然面对被拒绝的态度，家长可以主动引导宝宝："他们不让宝宝玩，妈妈陪宝宝在旁边看他们玩，好吗？看别人玩，也很快乐呀！"

孩子的社交让孩子自己做主

孩子的玩伴是随着年龄有改变的，0~2岁的宝宝最喜欢与成人玩，2~4岁的宝宝较喜欢跟着大孩子玩，4~6岁的宝宝越来越喜欢与同龄人玩。在这个逐步变化的过程，孩子实际上已经获得了与不同人交往的乐趣与策略，进而成长为一名容易融入集体环境、受欢迎的孩子。所以，孩子的交往有自己的时间表，家长不要刻意地干预孩子，孩子的社交让孩子自己做主。

● 怎样让宝宝学会分享

朋友带着宝宝来家里玩，妈妈热情地招呼客人，并拿出宝宝心爱的玩具给小客人玩，可此时难堪的一幕出现了：自家宝宝死活不肯将玩具让给小伙伴玩，小伙伴一见委屈地哭了，朋友忙着哄自家宝宝，妈妈则疾言厉色地训斥自己的宝宝不懂礼貌，是个小气鬼。宝宝听见妈妈的责骂，嘴巴一撇，也委屈地哭了。原本和乐美满的一幕顿时乱成了一团。

宝宝不愿与人分享自己的物品该怎么办呢？

"霸道""小气"几乎是1~3岁的宝宝的重要特征之一，大部分此阶段的宝宝都喜欢抢别人的玩具，却拒绝与人分享自己的物品。这种强烈的占有欲是自私的表现吗？要怎样教宝宝学会分享呢？

人的占有欲往往源自对失去的恐惧，婴儿也是如此。特别在宝宝1岁半以后，如果妈妈一味要求孩子"给"，反而容易激发他自我保护的意识。要改变这种状况，可以试着从以下几个方面着手。

从熟悉环境开始

　　宝宝不愿意分享与他对陌生的人和环境的不适应有关，当宝宝和别的孩子玩的时候，妈妈可以引导宝宝之间相互熟悉、友好地打招呼，待宝宝完全接受了新伙伴之后再进行下一步。

晓之以理，动之以情

　　1岁的宝宝已经能听懂一些大人的话了，家长可以跟宝宝讲道理。首先肯定玩具的所有权："宝宝的玩具，宝宝的！"让孩子先找到"主心骨"，后反复强调几次"弟弟没有，让弟弟玩会儿吧。"如果宝宝愿意拿出来一块玩一定要立即表扬他："宝宝真棒，和弟弟一起玩。"。

尊重宝宝的意愿

　　如果宝宝不愿意拿出自己心爱的玩具与人分享，也不要强行干涉宝宝的决定，妈妈可以试着给孩子一个"私人空间"，允许他把一些心爱的玩具藏起来，留给自己，而和小朋友分享其他的玩具。

建立游戏规则

　　尽量帮宝宝把他自己与他人区别开，让宝宝知道他有心爱的玩具，别人也有别人的，别人的东西不能随便拿，这是游戏规则。如果实在想玩别人的，就要先拿出自己的。这样，在孩子们一起玩的时候，妈妈可以做组织者，规定谁先玩，谁后玩，对破坏规则的孩子，妈妈要耐心地说服他归还玩具，千万别自己动手抢，但是妈妈先破坏了规则就不好办了。

学会交换

　　宝宝都有个共同的"爱好"，就是永远觉得别人的东西比自己的好，所以宝宝们在一起最常见的就是抢成一团。遇到这种情况时，妈妈可以递给宝宝另一个玩具，告诉他："你想玩那个玩具吗？别抢了，咱们拿这个去换吧。"15个月到2岁的孩子，已能说3~5个字组成的短句，这时妈妈可以教宝宝几个"谈判词"，比如换、给你、给我、一起玩儿等等。时间长了，宝宝自己就知道使用这些语言与别的孩子谈判，从小锻炼宝宝自己处理问题的能力。

别吝啬你的表扬

当宝宝愿意与人分享自己的玩具时，一定要对他大大赞扬一番。对于不愿意分享的孩子，妈妈可以让他带着自己的玩具在一边玩儿，当他看到别的小朋友开心在一起，而自己孤单一人时，会表现出失落的情绪，这时妈妈再带着宝宝到其他孩子旁边，告诉他"自己玩自己的多没意思啊，和小朋友一起玩吧"。有的宝宝很小的时候就表现出敏感的个性，对这样的孩子妈妈一定要耐心，注意给他"台阶"下，可以说"瞧我们宝宝，真棒，自己把玩具给哥哥玩了"。

Tips：不要让"分享教育"走进误区

→ **误区一：分享无底线**

一提起分享，许多家长都认为应该是"宝宝的玩具要和小朋友一起玩"，"好吃的要分给小朋友一起吃"。殊不知这种做法不仅达不到分享教育的目的，反而很容易激起宝宝的逆反心理，更加不愿意献出自己的物品。试问一下，大人都未必能做到将自己心爱的东西拿出来共享，又怎能苛求宝宝"大公无私"呢？强迫小宝宝与小伙伴分享，对他（她）来说也是一种伤害。

→ **误区二：强求大的让着小的**

大多数妈妈都会告诫哥哥姐姐将手里的物品让给弟弟妹妹，其实这是不公平的，没法让宝宝从这样的分享方式里获得分享的快乐，更学不到分享的技巧。

→ **误区三：抢走宝宝手里的玩具**

当宝宝之间因为玩具而起争端的时候，千万不要抢走一个宝宝的玩具交给另一个大声哭闹的宝宝。这无异于在向宝宝传达错误的观念，那就是只要哭闹就可以达到目的、只要动手去抢就可以解决问题。

●宝宝为什么那么"好斗"

隔壁小虎的妈妈抱怨，自家宝宝18个月了，虽然性格开朗却也调皮捣蛋，最伤脑筋的是还喜欢打人、咬人，每次和小伙伴一块玩时，都惹得对方哭闹不已，弄到后来，小伙伴看见他就躲，都不愿跟他玩，简直让妈妈操尽了心。面对如此"好斗型"宝宝，小虎妈妈束手无策了。

好斗其实是宝宝的一个正常发育过程。事实上，很多这个年龄段的宝贝都会时不时地抢其他孩子的玩具，打人、踢人或使劲尖叫得让自己喘不过气来。当然，宝宝喜欢打人、咬人肯定是有原因的，归结起来主要有以下几种。

※喜欢咬人要注意宝宝是否处在长牙期，特别是长臼齿时，因为牙龈肿、痛、痒，宝宝很可能见到什么就咬什么，以此来缓解长牙期的不适。

※缺乏安全感，只要有小朋友到身边来，就会觉得受到威胁，然后主动进攻。

※被人误解了自己的需求、打破了自己的计划或没达到自己想要达到的目的，用打人来抗议。

※周围的人有打人的习惯。家人无意间的任何言行举止都是宝宝模仿的对象，如果家人平时喜欢用打来解决问题，宝宝也会效仿。

●怎样安抚好斗的宝宝

发现自家宝宝与别的宝宝起冲突时，父母一定要及时作出反应。

冷静地拉开他

当看到宝宝开始出现攻击行为时，父母要当机立断马上拉开宝宝。但无论有多生气，尽量不要对孩子吼叫或打骂，更不能口出恶言骂他"坏孩子"。因为这除了教会他以后在生气的时候动口或动手去攻击别人外，并不能让他改正自己的行为。

所以，父母首先要控制好自己的情绪，镇静地把孩子拉开，给他树立一个好榜样。

坚持原则

问清缘由，坚持原则，对宝宝的错误行为要坚决反对，尽可能每次都用同样的方式对待宝宝的攻击行为，比如，短暂地关禁闭。越用同样的方法就能越快建立一套被孩子认识和接受的规则。最终他就会明白，只要自己做了错事，就得受罚，不能玩——这是他学习控制自己行为的第一步。

良性沟通

等宝宝冷静下来后，心平气和地跟他说说刚才发生的事情，最好是在宝宝心情平静但还没忘记整件事之前，就及时和他沟通，问他为什么要那样做。并且一定要告诉他有时候生气是很自然的，但不应该推人、打人、踢人或咬人，可以用其他更好的方法来发泄愤怒，比如直接说出来、找个球踢或找大人调解等。

强调"善后"意识

如果宝宝打了人、毁坏了别人的东西或将周围弄得一团糟，要让他自己收拾烂摊子，例如，向对方道歉，把打坏的玩具粘好，或整理好自己生气时扔得到处都是的积木、饼干等。不要让他觉得这是一种惩罚，要让他知道这是好斗行为带来的必然后果，任何人弄坏东西都得这么办。

奖励好行为

不要只在宝宝犯错时才注意他，平时要尽量关注他表现好的时候，肯定他做得好的地方。比如，当宝宝主动与人分享自己的玩具时要告诉宝宝，你为他感到骄傲。让他明白，自我控制和解决冲突，远比相互对抗让人高兴，带来的结果也更好。

拒绝暴力影视

　　表面上看起来天真无邪的动画片或其他儿童节目中很可能充斥着叫喊、威胁、推搡和打人的场景。所以，父母有责任帮宝宝过滤掉那些潜在的负面信息。平时可以陪着宝宝一起看电视，遇见不合适的内容可以用引导的方式表达正面的看法，比如："你看见那个宝宝了吗？他为了得到自己想要的东西把朋友推开，那样做可不对，是不是？"

　　总的来说，宝宝好斗并不是天生的，父母需要给予他们更多的关爱和启发，充分地了解他们的需求，并尽量给予满足，这样一来，每个宝宝获得的都将是正能量。需要注意的是，如果宝宝经常无缘无故出现攻击行为，父母应该及时带宝宝去医院检查，以排除身体或智力发育异常的可能性。

带宝宝旅行

　　带宝宝走出去多与外界交流可是促进宝宝语言发育中必不可少的一环哦！宝宝满月后，即可开始准备带他到户外呼吸新鲜的空气，晒晒暖暖的太阳了。对宝宝而言，呼吸户外清爽的空气是一件新鲜的体验。但爸爸妈妈在带宝宝外出的时候有许多小细节不能忽视哦。

●外出用品

婴儿车

　　从出生第2个月开始，便可使用婴儿车了。婴儿车大致可以分为两种，一种是可以大致躺下的A型，另一种是宝宝坐起来后使用的B型。

　　A型：平稳不易震动，是重视乘坐舒适感的妈妈的最爱。

　　B型：小型轻巧，乘坐时可以轻松上下车。

抱、背两用带

这是带宝宝外出的必需品，有兼具"横抱、直抱、背抱"三种功能，有能改变姿势、长期使用的兼用型；也有使用时间有限，但装置简单的专用型。

婴儿安全座椅

如果宝宝有可能搭乘私家车，一定要准备好婴儿安全座椅。婴儿安全座椅以保护安全为目的，要选择能正确安装及适合自己车辆的安全座椅。

婴儿用品

带宝宝外出时必须携带奶瓶、奶粉、保温壶、尿布或纸尿裤、湿巾、纸巾、水杯、水壶、小点心、玩具、餐具、外套、手帕、围兜、帽子、袜子、备用衣服、小薄被、防蚊药、防晒霜等等。还需要一个妈妈的背包，可以轻松整理和携带这些东西。

其次，如果是带宝宝去较远的地方旅行，最好带上宝宝常用的被单和枕头，因为上面有宝宝习惯的味道，能够帮助他安心入睡。还可带上小蚊帐、野餐布，宝宝洗护用品，包括洗发水、沐浴露和护肤露等，这些小东西将非常实用。另外还需准备一些常备药，包括感冒、腹痛、防过敏的药，创口贴、消毒水等外用药。

最后别忘了带上相机，随时随地给宝宝留影，留住宝宝成长的精彩瞬间。

●宝出游注意事项

夏天出游

◆夏季外出，帽子、防晒霜、预防蚊虫叮咬是三大要点

带宝宝散步或外出玩耍，一定要注意为宝宝防暑和防蚊！因为如果长时间在室外比较炎热的环境中，即使是树阴下也可能会出现中暑的情况，因此妈妈一定要注意给宝宝补充水分，避免在气温较高的下午1～4点带宝宝外出，同时避免长时间外出等等。为了预防中暑，除了要为宝宝准备帽子、涂抹防晒霜外，还可以准备一些冰宝贴或简易电风扇。如果是开车带宝宝外出，即使时间很短，也不要将宝宝自己一个人留在车中。

◆给婴儿车安装防晒篷

虽然婴儿车本来也有篷，但还是防紫外线专用的防晒篷更能让人安心。防晒篷不用的时候可以折起来放在婴儿车下面的塑料筐里，非常方便。

◆停车的时候在婴儿座椅上放冷藏剂

即使停车的时间很短，车内的温度也很容易升高，婴儿座椅可能会变得很热，为了避免再上车时婴儿座椅让宝宝不舒服，停车时可以在座椅上放些冷藏剂，然后再盖上一条毛巾。

冬天出游

◆注意防寒

外出的时候，随着外出的时间、地点、温度等不同，宝宝的服装也要有变化。出门时，家居服的外面加一件外套就可以了。在商场和电车中的时候，室内外的温差比较大，所以选择比较容易穿脱的衣服。此外，作为防范对策，要准备保暖的帽子、手套、袜子等这些防止肌肤外露的小物品。

吃饭时，大人不要逗笑或惹哭宝宝，让他专心进食。

不要将热汤、热粥放在桌边等宝宝够得到的地方。

不要让宝宝在吃饭时玩筷子，更不能让宝宝把筷子塞进嘴里。

应当为宝宝随身携带两份饭，以防出现意外的耽搁，或宝宝拒绝吃饭。

不要让小宝宝吃玉米、花生类的食物，以避免窒息的危险。

●出行交通工具攻略

乘飞机

预订机票时告知工作人员自己带着小宝宝，最好预定各区段第一排的座位，并询问飞机上是否有婴儿专用台或婴儿床。不要接受长排座中间的座位，因为这样无论是对自己还是对旁边的旅客都不方便。

乘火车

预定下铺座位，这样在行程中，宝宝会有较大的活动空间。坐车的时候不要让宝宝长时间观看窗外移动的物体，否则会使宝宝头晕和不适。

乘巴士

不要在高峰期坐车，避免车内的拥挤影响到宝宝的情绪和健康。需要注意的是，不要让宝宝在车上来回走动，这样既影响别人，更影响司机，他会分神想到刹车或加速对宝宝的影响。另外，不要让宝宝的手伸到车窗外。

自驾游

必须配备儿童专用的安全座椅给宝宝用。儿童座椅应安放在后座中间，这是车内最安全的位置。

●关注宝宝旅行途中的异常表现

宝宝焦躁不安或异样沉默，是晕车吗？

晕车不是大人的专利，小宝宝也会有晕车的现象。宝宝如果晕车，他可能开始是觉得胃不舒服，然后是唾液增加导致流口水、发热、脸色苍白，最终则会呕吐。有的宝宝还会头晕、头疼、沮丧、烦躁不安，甚至全身不舒服。导致宝宝晕车的因素有许多，过长的旅途、车内的气味、头部的频繁运动、弯道或者宝宝长时间盯着路边的东西看都可能导致晕车。妈妈要及时了解造成宝宝晕车的因素，更周到地计划旅行。以下是防止宝宝晕车的几种方法，妈妈们不妨一试。

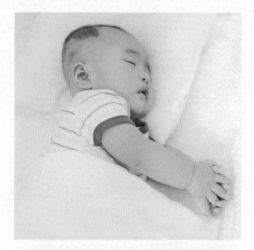

※选择宝宝睡着之后出发。宝宝睡着的时候不太容易晕车，因为他的眼睛是闭着的，不会接收任何信息。

※出发前别让宝宝吃太饱，如果宝宝因晕车而呕吐，给他喝点白开水。如果是大一点的孩子，让他吃点饼干也会有用。

※保持车厢内凉爽和通风。

※根据时令给宝宝穿衣，不要给他穿得太多；尽量选择气味淡的新车出行。

※别让宝宝在车上玩玩具或看书。

※尽量让宝宝看前方远处的东西，比如树木、汽车、货车等。

※尽量避免让宝宝看两侧的风景。

※稳住宝宝的脑袋，不要让他的头来回摆动。

※用音乐来分散注意力。放点宝宝熟悉的音乐，可以分散他的注意力，让他不那么关注自己身体的不适。

当然，很可能你做好可防止宝宝晕车的万全准备，但结果宝宝还是晕车了，在这种情形下，父母要提前准备好塑料袋、毛巾或湿纸巾，同时多备一套

更换的衣服，以作备用。

　　需要注意的是，不要因为宝宝晕车而放弃带他一起旅行。有研究表明，经常旅行能够减少晕车的次数。大多数宝宝等年龄大一些，慢慢就不会晕车了。带宝宝旅行，可以给宝宝创造更多的机会来体验社会与自然，这些美好的印象会令他们牢记一生。

Tips：宝宝防晕车·小偏方

　　除了旅途中的注意事项外，一些小偏方也可以预防宝宝晕车哦！一起来学习一下吧。

※坐车前给宝宝含颗话梅。但要注意最好是没有核的，以免宝宝卡在喉咙里。

※上车前在宝宝肚脐处贴片生姜。

※准备一些新鲜的橘子皮让宝宝闻。

※按压宝宝的合谷穴（在宝宝大拇指和食指中间的虎口处），预防晕车效果很不错。

※将一枚专门针对小儿晕车的晕车贴一分为二，分别贴在宝宝的两只耳朵后面，很有效果，值得一试。

※在宝宝上车前，将风油精搽于宝宝太阳穴，或滴两滴风油精于肚脐眼处，并用伤湿止痛膏敷盖，效果也不错！

旅途中如何让宝宝安然入睡

　　旅行途中，宝宝的睡眠是一个很棘手的问题。许多妈妈会发现，睡眠情况一向很好的宝宝在旅行的过程中却往往难以哄睡，或者好不容易睡着后，半夜总是要醒来好几次。

　　带宝宝外出旅行时，水土不服、缺少安全感是宝宝出现睡眠问题的主要原因。而许多爸爸妈妈往往对宝宝水土不服有预防措施，却忽略了怎样给予宝宝足够的安全感。针对这个问题，爸爸妈妈可以从以下几方面着手，试着改进。

◆带上宝宝喜欢的安抚物和玩具

　　陌生的环境可能会让宝宝兴奋，但更可能让宝宝感到害怕和紧张，这时如果身边有一两件平时喜欢、熟悉的玩具，宝宝就会安心许多。比如，带上宝宝每晚抱着睡的维尼小熊，夜里一旦醒来，宝宝也会因为手边可以摸到小伙伴而不纠结环境的差异，再次安心入眠。

◆ 带上宝宝的睡具

如果条件允许，旅行时带上宝宝的睡具是个不错的办法，包括枕头、被子、床单等。这不仅能让宝宝睡得更舒适，熟悉的气味、色彩和触感能为宝宝营造一个安稳的睡眠环境，以提高安全感。

◆ 及时向宝宝讲解即将碰到的人或事

旅途前不妨给宝宝讲讲即将见到谁，看到什么风景，要一起做什么事，这样能帮助宝宝提前做好心理准备，更快融入到新环境。别看宝宝年纪小，看起来似懂非懂，其实，即使只是爸爸妈妈温柔又关爱的声音也会让宝宝充满安全感，而提前"告知"的行为更能给予宝宝一种"我们是一起去，爸爸妈妈和我在一起，宝宝不是一个人"的认知，因而倍感安全。

◆ 别吝啬你的拥抱

让宝宝最满足最开心的莫过于爸爸妈妈温暖的怀抱了。时不时亲亲宝宝，在停车休息时抱抱宝宝，都会让小家伙放下紧张和担心，开心地享受旅程。

◆ 不换奶粉、不添新食物

出行前最好带足奶粉，临时换奶粉容易引起宝宝肠胃不适。已经吃辅食的宝宝这期间不宜尝试新辅食，最好按之前的饮食习惯，均衡清淡、适量进食。

◆ 旅途中喝纯净水或矿泉水

为了防止宝宝水土不服，旅途中及到达目的地后建议喝纯净水或矿泉水，待宝宝适应1~2天之后，再饮用当地的水。

妈妈，我饿了！

你手里的糖，给我一块吧！

小熊，小熊，抱一抱！

Growing Secrets
——The Growing Body Talks

PART 4

成长的秘密
——宝宝的身体会说话

你了解宝宝身体各个部位的发育标准么?

他的身高、体重、头围、心理发育是否正常?

如果不正常是什么引起的?

宝宝每个阶段的成长都遵循着一定的自然规律。

读懂宝宝身体发育的规律,轻松破解宝宝成长中的那些秘密。

一、身体成长与发育

Physical Development

宝宝的身体发育并非是一成不变的，往往是呈现阶段性的发育，生长速度从上到下，由近到远，而且全身各个器官发育并不均衡，有的器官发育较快，而有的就比较慢，这就是宝宝身体发育的特点。

0~3岁宝宝身体发育指标

宝宝年龄	体重（千克）	身高（厘米）	头围（厘米）	出牙（颗）
出生	2.5~4.1	46.0~55.1	32.5~37.5	/
1月	4.0~5.6	55.0~60.4	38.5~39.3	/
2月	4.3~6.0	56.5~61.5	39.1~40.5	/
3月	5.0~6.9	57.1~63.7	39.9~41.2	/
4月	5.7~7.6	59.4~66.4	40.6~42.0	0~1
5月	6.3~8.2	61.7~68.1	42.0~43.9	0~1
6月	6.9~8.8	63.5~70.5	43.3~44.9	0~2
7月	7.52~9.54	65.0~71.4	43.2~44.5	2~4
8月	7.8~9.8	66.5~72.3	43.8~44.7	4~6
9月	8.3~10.1	67.2~72.8	44.0~44.9	4~6
10月	8.5~10.6	68.5~74.5	44.3~45.2	6~8
11月	8.7~10.9	71.0~75.7	44.8~45.7	8~10
12月	9.1~11.3	73.4~78.8	45.4~46.5	8~12
15月	9.8~12.0	76.6~82.3	45.8~47.1	10~14
18月	10.3~12.7	79.4~85.4	46.2~47.3	12~14
21月	10.8~13.3	81.9~88.4	47.2~48.1	14~16
24月	11.2~14.0	84.3~91.0	47.7~48.8	16~20
30月	12.1~15.3	88.9~95.8	48.0~49.0	乳牙萌发齐
36月	13.0~16.4	91.1~102.3	48.1~49.1	乳牙萌发齐

注：每个宝宝的个体发育有所不同，以上标准仅供参考。父母不要过分地追求发育指标百分之百的准确，但如果发育太过异常，请尽快寻医问诊。需要注意的

是，婴儿出生至5岁时成长差别更多地受到营养、喂养方法、环境以及卫生保健而不是遗传或种族特性的影响。

●宝宝不同时期的身高规律

绝大多数宝宝出生时，平均身长为50厘米左右，这与遗传没多大关系。

宝宝第一年身高增长得最快，1~6个月时每月平均增长2.5厘米；7~12个月每月平均增长1.5厘米；周岁时比出生时增长约25厘米，大约是出生时的1.5倍。

宝宝在出生后第二年，身高增长速度开始变慢，全年仅增长10~12厘米。

从两岁一直到青春发育期之前，宝宝的身高平均每年增加6~7厘米。

年龄越小，头和上半身的比例越大，随着年龄的增长，下半身的增长速度快于上半身。

2~7岁宝宝身高计算公式：年龄×5＋75厘米。

●宝宝不同时期的体重规律

※正常足月的宝宝出生时体重为2.0~4.0千克。

※最初3个月，宝宝每周体重增长180~200克；4~6个月时每周增长150~180克；6~9个月时每周增长900~120克；9~12个月时每周增长60~90克。

※按体重增长倍数来算，宝宝在6个月时体重是出生时的两倍；1岁时大约是3倍；两岁时大约是4倍；3岁时大约是4.6倍。

※在出生第二年，宝宝体重平均增长2.5~3.0千克。

※宝宝两岁以后平均每年增长2.0千克左右，此规律一直延续到青春发育期。

不同阶段宝宝体重计算公式

6个月以内体重=出生体重＋月龄×600克

7~12个月体重=出生体重＋月龄×500克

2~7岁体重=年龄×2＋8千克

Tips：宝宝体重测量小细节

给宝宝测量体重时最好先排去大小便。

要减去衣服和尿布的重量。

1岁内宝宝应该每月测量一次体重。

同龄男孩要比女孩重。

0~1岁宝宝能力发育特征

宝宝年龄	能力发育特征
0~1个月	能对声音作出反应
	可以盯着人的脸看
	能看黑白图案
	俯卧时能抬起头
2~4个月	微笑，笑出声；眼睛可以追视移动的物体
	听到大响声时，会转过头去寻找，能认出妈妈的脸和气味
	能够尖叫,发出"咯咯""咕咕"的声音
	能把双手放在一起，用手拍打玩具
	可以稳当地抬着头保持一小会儿
	俯卧时可以抬起头和肩膀；能从俯卧翻身到仰卧；能将头抬起45°
5~7个月	能模仿发出"爸爸""大大"的声音
	可以含混不清地说话或发出某些音节
	长出第一颗牙，准备好开始添加辅食了
	把东西拉向自己，或把物品从一只手递到另一只手
	能从俯卧翻身到仰卧或从仰卧翻到俯卧
	玩自己的小手小脚
	可能出现分离焦虑
	可以分辨醒目的颜色
	身体可以向前扑或开始爬；不用支撑能坐一小会儿了
	能够不用支撑坐着
8~12个月	会爬，爬得熟练，肚皮能够离开地面
	能独站，站时能弯腰，能扶着东西站着走几步
	会对着父母叫"妈妈""爸爸"
	除了"妈妈""爸爸"外，能说个别词语
	明白"不"和一些简单的指令；会摆手说再见
	会把东西相互碰撞
	能用拇指和食指捏取物品；能用学饮杯喝东西
	能独自走上几步
	会找寻被藏起来的东西；能把东西放到一个容器中
	能用手势表示自己想要什么
	能用彩笔涂鸦

●正确进行宝宝身体语言的开发

0~1岁的宝宝身体语言发展主要有三个关键阶段，父母要利用这些有利的时机帮助宝宝完善身体语言，使宝宝的身体语言更好地为语言完善奠定基础。

0~3个月——原始反射敏感期

0~3个月是宝宝出现原始反射的敏感期。在出生的头几周，宝宝就能发出很多的身体信号。刚出生时，只要父母触摸宝宝的面部，宝宝就会转动头部，这是吸吮反射的表现；而当父母用手指接触宝宝的手掌时，宝宝会本能地抓住伸过来的手指，出现抓握反射。除此之外，宝宝还有下意识地走步反射、游泳反射等。这些身体反射行为绝大部分是人类出于生存的原始反射。几个月后，一些反射行为将完全消失，另一些则发展成为有意义的行为。

4～8个月——肢体语言发育敏感期

此阶段是宝宝熟练运用肢体动作表达自己需求的敏感期。当宝宝开始理解因果关系，能协调自己的想法和行动时，宝宝就能用身体语言表达自己的想法和需求了。例如，当宝宝想被抱起来时，就会向妈妈伸出双手；当宝宝不想陌生人靠近时，便会紧紧抓住妈妈的衣服，或直接扭过头去。

9～12个月——语言能力萌发期

在9个月时，多数宝宝的智力已经有了飞速的发展。由于身体运动能力和手眼协调能力的提高，宝宝已经能熟练地运用身体语言表达自己的需求和好恶，而且他们开始尝试着加入语言的表达了。例如，当宝宝想吃奶时，不仅会伸出手要妈妈抱抱，同时嘴里还会发出急切的"啊啊"声，暗示妈妈赶紧来哺乳。

当然，此阶段宝宝学会使用口语表达并不预示着身体语言的消失。由于词汇有限，宝宝尚无法清楚地表达自己的想法，因此使用身体语言的机会并不会减少，相反，随着年龄的增长，会更为复杂。

二、日常护理

在宝宝的成长过程中，家人的细心护理是少不了的。宝宝的吃喝拉撒睡是另一种无言的"婴语"，它们是否正常将直接反映出宝宝的身体状况，忽视不得。

出牙期的宝宝

人的一生会拥有两副牙齿，即乳牙（20个）和恒牙（32个）。宝宝出生的时候，颌骨中已经有骨化的乳牙牙胞，但是没有萌出。一般出生后4～6个月，乳牙开始萌出。有的宝宝会到10个月，这都是正常的。12个月还没有出牙视为异常，宝宝最晚两岁半的时候20颗乳牙会出齐。

●出牙的规律

　　两岁内宝宝的出牙数有个简单的计算公式：月龄−4或−6。但乳牙萌出的时间会有很大的个体差异。不过不管出牙时间早晚如何，乳牙萌出的顺序是有一定的规律的，原则上按左右对称，由前往后的顺序生长，一般下颌早于上颌。

●出牙的顺序

　　大多数宝宝最先萌出的是下牙的门齿，即下中切牙，然后是上中切牙，随后挨着中间的门齿会左右长出一颗稚嫩的小牙。其中上下颚的第一臼齿，和上下颚犬齿的萌牙时间约略相当。

①6~9个月：中切牙　　②9~12个月：侧切牙　　③12~15个月：第一乳臼齿

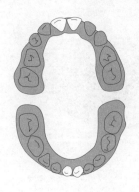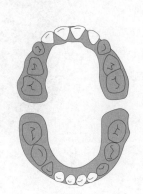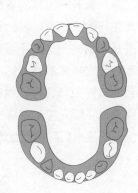

④16~18个月：犬牙　　⑤20~24个月：第二乳臼齿

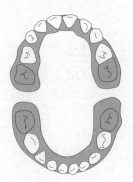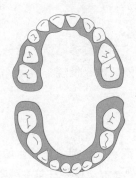

●长牙迟是缺钙吗？

好多妈妈常会有这样的问题：宝宝10个月了还没长牙，会不会是因为缺钙所致。专家解释：出牙晚不一定是缺钙，与遗传也有很大的关系。

婴儿出牙的时间早晚不同，最早有4个月乳牙就开始萌出的，但大部分婴儿是从6个月以后开始长牙。一般来说4~12个月之间长出来都算正常，如果1岁时还未长牙，只要其他发育都正常，也不必太担心。只有极个别情况是由于代谢紊乱而出牙迟，但通常这不会只表现在牙齿上，也会在其他方面表现出来。家长要注意观察宝宝是否有其他异常表现，如宝宝缺钙就常表现为囟门闭合迟缓、头发稀少、出汗多、爱哭闹等。

有些家长一见宝宝该出牙时没长牙便以为是缺钙，马上给宝宝吃鱼肝油和钙片，这是不可取的。因为不经证实宝宝缺钙就给宝宝服用大量的鱼肝油和钙片，很容易引起维生素D过量，甚至中毒，这样做对宝宝的健康是有害无益的。

●出牙期的五大不适与口腔护理

出牙会给宝宝带来许多不适，爸爸妈妈因此十分困扰。常见的长牙期不适主要表现为牙龈痒、流口水、低烧、腹泻、烦躁等。下面针对不同的情况，介绍几种简单的护理方式。

牙龈痒

每天用纱布蘸点凉水擦拭牙龈。如果是夏天，可以用棉纱布包一小块冰块给宝宝冷敷一下，能够暂时缓解长牙带来的不适。

另外可以准备一些牙胶或磨牙棒之类有硬度的东西让宝宝磨牙，一来可以缓解不适，二来能训练宝宝的咀嚼能力，一举两得。

流口水

长牙流口水是正常现象，可给宝宝戴个小围嘴，以免口水弄湿衣服。另外，唾液对宝宝的皮肤有一定刺激作用，因此爸爸妈妈要及时用柔软的棉布帮宝宝擦干净口水，擦的时候动作一定要轻柔，否则容易擦破皮肤引起感染。如果流口水的地方有发红现象，可涂抹点有收敛作用的药膏。

发烧

只要宝宝体温不超过38℃，且精神好、食欲旺盛，就无需特殊处理，多喂宝宝喝些开水就行；如果体温超过38.5℃，并伴有烦躁哭闹、拒奶等现象，则应及时就诊。

腹泻

有的宝宝长牙期会伴有腹泻。当宝宝腹泻，大便次数增多、但水分不多时，应暂时给宝宝停止添加其他辅食，以粥、细烂面条等易消化的食物为主，并注意餐具的消毒。如果大便次数每天多于7次、且水分较多时，应及时就医。

烦躁

宝宝因为长牙而烦躁不安时，妈妈可以让宝宝咬咬磨牙棒，或准备一些较冰冻的食物缓解宝宝的口腔不适。另外也可以给宝宝做做脸部按摩，放松一下脸部肌肉。

总之，在刚开始长牙期间，宝宝需要爸爸妈妈更多的呵护及关怀，这样不仅可以缓和宝宝的不适，更重要的是可以安抚宝宝的情绪，让宝宝感觉舒适与温暖。

● 爱牙护牙·小·秘诀

保护乳牙是儿童生长发育中一个不能忽视的部分。想让宝宝拥有一口好牙齿，爸爸妈妈除了要帮宝宝从小养成坚持刷牙、定期做口腔检查的好习惯外，还要警惕那些毁牙的坏习惯。

警惕坏习惯

※舔牙吐舌咬下唇：宝宝频繁地用舌尖舔上下前牙或咬下唇，会导致上下牙之间形成局部开合，牙齿之间会出现缝隙，同时还会使上下颌均向前移位，导致双颌前突畸形及开合。

※偏侧咀嚼：偏侧咀嚼会使牙弓向咀嚼侧旋转，废用侧发育不良，使下颌向咀嚼侧偏斜，导致脸型左右不对称。而且由于不常咀嚼的一侧没有了食物摩擦和冲刷，不能自我清洁，更容易堆积牙垢，出现龋齿、牙龈红肿等牙周疾病。

※口呼吸：正常的呼吸应用鼻子进行，如果宝宝长期进行口呼吸，舌头和下颌后退，会导致上颌前凸，上牙弓狭窄，牙齿不齐。外观表现开唇露齿，上唇短厚，上前牙突出。

※咬东西：很多宝宝喜欢啃手指甲或者咬衣角、袖口、被角及吮吸奶嘴等，在咬这些物体时一般总固定在牙齿的某一个部位，所以容易在上下牙之间造成局部间隙，时间久了，就容易形成牙齿局部的小开合畸形。

※不良睡眠习惯：有的宝宝习惯在睡觉时把手肘、手掌、拳头等枕在一侧脸的下方，或是喜欢经常用手托着一边的腮部，这些习惯对于宝宝颌面部的正常发育及面部的对称性都有影响。

※刷牙用力过大：刷牙用力过大会造成牙齿表面釉质与牙本质间的薄弱部分过分磨耗，形成楔状缺损，引起牙齿过敏，继发龋齿，甚至牙髓暴露或出现牙龈损伤、萎缩。

坚持好习惯

※勤漱口，按时清洁口腔，讲究卫生。

※每3个月至半年进行一次口腔检查，若发现宝宝有龋齿，可得到及时治疗。

※避免让宝宝常吃糖分高、黏性强的食物，尤其在睡觉前。

※锻炼咀嚼能力。从6~7个月起就要鼓励宝宝学吃较粗硬的食物，如面包干、馒头干等，以锻炼咀嚼能力，磨擦牙龈，促使牙床骨的发育，帮助乳牙萌出。

小屁屁护理

●便便是宝宝是否健康的晴雨表

宝宝的便便反应了他对营养的吸收与利用，便便如果不正常，则预示着宝宝新陈代谢出现了问题。可以说，婴儿的大便是宝宝健康的晴雨表。

正常的便便

从颜色上看

宝宝大便的颜色会受到所吃食物的影响。淡黄色、黄色、金黄色、绿色、棕色都是健康的颜色。添加辅食前正常大便的颜色通常为金黄色或黄色，新生2~3天的宝宝可能会排出棕色的便便，这是胎粪到正常大便的过渡便。吃奶粉的宝宝偶然微带有绿色。添加辅食后，大便的颜色会有所改变，往往会受到所吃辅食颜色的影响。比如吃胡萝卜就会有胡萝卜色的便便，吃绿叶菜就可能呈绿色。不过，米粉等辅食不会影响便便的颜色。

从形状上看

宝宝的大便含水量较多，比较稀，不太成形。添加辅食前，宝宝吃的食物水分含量较多，所以大便含水量也比较多。母乳喂养的新生儿大便是不成形的，一般为糊状或水状，里面可能有奶瓣或是黏液；而人工喂养的宝宝大便质地较硬，基本成形。添加辅食(尤其是固体食物)后，宝宝的大便会慢慢成形变硬，逐渐接近成人。

从气味上分析

宝宝只喝母乳和奶粉的时候，便便基本没有臭味。添加辅食后的宝宝，由于碳水化合物会发酵，便便也会发臭；随着宝宝吃的食物种类越来越多，特别是加入肉类等荤腥食物后，宝宝大便也会变得更稠、颜色更深，而且气味也更难闻！

异常的便便

蛋花汤样

如果发现宝宝便便呈黄色，水分多、粪质少，像蛋花汤一样，这可能表示宝宝有病毒性肠炎了。此病多发于4个月后的宝宝。需要注意的是，4个月内母乳喂养的宝宝便便水分也很多，妈妈有时很难判断是否是蛋花汤样大便。那就看宝宝的其他情况。如果食欲正常、体重增长良好则没问题；如果本来大便就变少，添加辅食后突然变成蛋花汤状，就要及时就医。

豆腐渣样

便便为黄绿色带黏液的稀便，有时呈"豆腐渣"样，通常表示宝宝有霉菌性肠炎，需及时就医。

大便带血

宝宝大便带血通常是一个危险的信号，但大便带血的情况也分很多种，妈妈可根据以下各种情况进行判断，酌情处理。

※暗红色：通常表示肠道里面有不正常的组织或息肉，在宝宝大便经过肠道时，会造成不正常的出血。

※鲜红色：表示出血的地方距离肛门不远，有可能是大便出来时造成肛门裂伤所致。

※黑色：可能是上消化道的出血，如胃或十二指肠出血，应立即就医。注意：越高位的肠胃道出血，大便的颜色会越黑；越接近肛门的出血，大便颜色越鲜红；而中间段肠胃道出血，大便则会呈现暗红色或是咖啡色。

※大便外面包着血：通常是因为大便很硬，造成肛门裂伤，此时可看到硬硬的大便外面包着血，但是大便里面没有。

※大便和血混合：如果是肠道内部的问题，会看到血和大便混在一起。例如，在高位的小肠出血，看到的就会是砖红色的大便，并且便和血是混合在一起的。这种情况也需及时就医。

颜色泛白的大便

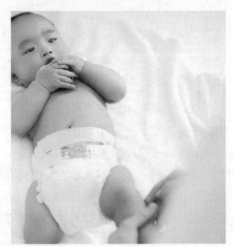

正常的大便因为有胆汁，所以会呈现黄色或绿色，但如果大便呈灰白色，看上去像白陶土，这说明宝宝的胆道阻塞，胆汁不能流入肠道，要立即就医。

有浓烈的腥臭味

若大便会发出腥臭味，呈暗绿色，且黏液较多，有片状假膜，说明宝宝患上了金黄色葡萄球菌性肠炎，非常危险，要立刻去医院。

Tips：就医·小·细节

带宝宝去医院就诊时，最好一同带上宝宝的大便，或者拍下照片，方便医生诊断。另外，要记下宝宝平时的进食情况和目前的情况，让医生有参照，有利于医生对病情快速作出诊断，争取宝宝治疗的时间。

●宝宝便秘怎么办？

宝宝最近不肯拉臭臭，可把妈妈急坏了。

原来前两天拉臭时，便便太干了，宝宝费了老大劲也拉不出来，最后都拉哭了才挤出来一点点。随后这两天硬是不肯坐到便盆上去，这样一来妈妈可愁死了，便便不拉出来会更干，那后果会更严重啊，这可怎么办才好？

宝宝不肯拉臭，小心小儿便秘！小儿便秘通常表现为排便次数减少（每3~4天才排一次），粪便坚硬。虽然便秘如果不伴有其他症状不属于疾病，但是如果宝宝排便很费力、不肯排便或引起其他不适，就应该带宝宝去看医生，及时寻找解决的办法。

为什么会便秘？

宝宝便秘的原因主要和吃有关。

相对来说，吃配方奶的宝宝更容易便秘，这是因为奶粉中含酪蛋白多，钙盐含量也较高，在胃酸的作用下容易结成块，不易消化。

除此之外，添加辅食后的宝宝也容易便秘。特别是1岁左右的宝宝便秘发病率很高，这主要是因为这个阶段的宝宝已经从吃奶过渡到吃饭菜了，而有的宝宝只爱吃奶、爱吃饭、爱吃肉，却唯独不爱吃蔬菜。蔬菜中含有纤维素能通大便，所以多吃奶、不爱吃蔬菜的宝宝更容易便秘。

经常性便秘的宝宝还有一个特征，即每次排便时啼哭不休，甚至发生肛裂。而肛裂的发生会使婴儿对大便产生恐惧心理，从而抵触排便，因此造成恶性循环，更加重了便秘的情况。

如何防止宝宝便秘？

要预防便秘，首先要养成良好的饮食和生活习惯。

※多吃利于排便的粥、糖水。

※多吃新鲜蔬菜（菠菜、芹菜、油菜、空心菜、白菜）、水果（香蕉、梨）以及五谷杂粮制成食品，如普通面粉、玉米、大麦等富含纤维素的食物。对于不爱吃水果蔬菜的宝宝，妈妈一定要想办法，可以将水果蔬菜做成宝宝喜欢的卡通形状，或榨成汁喂给宝宝喝。

※不要给宝宝吃冰淇淋、奶酪、精米等食物，因为这些食物会加重便秘的症状。

※每天给宝宝补充足量的水。

※给宝宝养成按时吃饭、按时睡觉的好习惯。形成有规律的人体生物钟，有利于宝宝胃液正常作用，有助于食物的消化。

※训练排便习惯：婴儿从3~4个月起就可以训练定时排便。建立起大便的条件反射，对改善便秘可起到事半功倍的效果。

※注意保持口腔卫生。牙齿不好，宝宝就会变得挑食、食欲不振，这也会影响其排便的能力。

※不要过分依赖肥皂条。有的家长只要发现宝宝排便有点困难就用肥皂条塞肛门帮助宝宝润滑，这种方式偶尔用一下还可以，长此以往会让宝宝形成依赖，养成不好的排便习惯，对预防便秘有害无利。

●宝宝尿裤子了,妈妈该怎么应对

（批评、责骂、还是其他）？

> 两岁的小强经常尿湿裤子，这让小强妈妈极为恼火。小强妈妈说，她也根据专家的建议给他进行大小便训练了，刚开始那几天倒还好，宝宝挺配合的，也成功了好几次，可几天过后，宝宝新鲜感一去就不管用了，他还是如以往一样随心所欲，想尿哪就尿哪，为这事小强没少挨妈妈的责骂。

宝宝经常尿裤子，除了增加了不少家务，也让家长觉得有教育的挫折感，总以为宝宝好像是故意的，自然就少不了一番责骂。其实，宝宝也不愿意经常尿裤子，对于这个阶段的宝宝来说，尿裤子有许多合理的原因，他们更需要的是家长的理解与关怀。

宝宝整体发育比较迟缓

总有父母喜欢拿自己的宝宝与别人家的宝宝作比较："你看人家XXX，早就知道自己尿尿了，哪像你，这么大还尿裤子。"诸如此类的言语许多宝宝都听过。其实，每个宝宝的发育过程都是有差异的，不能生搬硬套别的同龄宝宝的生长轨迹，父母应该多一点理解，多一点耐心去等待宝宝以自己的速度发育到适当的阶段。

过于强制性地训练宝宝排便

对宝宝进行排便训练并非越早越好。一般来说，训练宜在宝宝两岁到两岁半之间进行。但每个宝宝的具体情况不同，父母不要强制性地对达到适宜年龄的宝宝进行训练，要充分尊重宝宝，训练过程应循序渐进，不要和其他宝宝相比，更不能因为宝宝出了"事故"喝斥或者打骂。只有在宝宝乐意并主动配合时，训练才能有好效果。否则，轻者可能让宝宝产生抗拒心理，不愿摆脱尿布，直到四五岁都不能大小便自理，重者可能影响亲子关系。

Tips：物理疗法防便秘

腹部按摩法：睡前给宝宝做做腹部按摩，可以促进肠蠕动。具体方法是：让宝宝仰卧，家长用右手掌根部以顺时针方向按摩宝宝腹部，注意手法不要过重，每次持续10分钟，每天做2~3次。

泡澡法：可每日在热水盆里泡1~2次，放松直肠肌肉，使排便过程容易进行。

排除先天性疾病的原因

如果宝宝从一开始就难以控制自己大小便，家长应及时带宝宝去医院检查，排除宝宝患有先天性肛门肌肉调节无力或先天性尿床症等疾病。

心理原因导致生理原因

本来会控制大小便的宝宝，突然出现把自己的大小便拉到裤子里面的情况，通常是因为某些心理上的原因。比如宝宝对某些事情感到极度不安或恐惧的时候。此时家长必须从根本上消除使宝宝感到心理不安的各种因素，才能让宝宝恢复正常。

总之，面对尿裤子的宝宝，父母的心态最重要，父母应该保持轻松宽容的心态，既关注也要有分寸。儿童专家曾特别指出：如果父母对宝宝大小便问题过分关注，宝宝可能不自觉地利用这种心理，或者消极抵抗，或者屡报假情况吸引成人的注意。

●何时训练宝宝自己大·小·便最合适

当宝宝具备以下这些能力时，表示他已经做好了准备，可以接受如厕训练了。

※能自己行走，并乐意坐下（具备坐便器的基础）。

※能将自己的裤子拉上和拉下。

※能模仿父母的动作。

※显出对控制大小便的兴趣，例如会跟随父母进入卫生间等。

※尿布尿湿时会通过语言或者动作表达不舒服的感觉。

※每天都在固定的时间段大便。

※尿布可以保持干燥达两小时以上，睡觉醒来时尿布也没有湿。

※会将东西放回原处（显示能教会宝宝大小便到应该去的"去处"）。

※会说"不"，显现独立意识。

需要注意的是，如果宝宝生病或发生迁居等重大生活事件时，不宜训练宝宝自己大小便。此外，爸爸妈妈也不要迫于外界压力而强制宝宝接受训练，如果爸爸妈妈对宝宝未能摆脱尿布感到焦虑的话，这种情绪也会影响宝宝，有时

还会引起宝宝括约肌功能失调以及便秘，妨碍训练正常进行。如果宝宝不配合，必须要等到数月后才能再一次作试验。

●宝宝喜欢摸自己的生殖器该怎么办?

近段时间宝宝的行为颇让妈妈担心，原来宝宝爱上了抚摸自己的"小鸡鸡"。虽然妈妈曾冷静地制止并告知宝宝不能那样做，但宝宝依然我行我素，即使穿上了连档裤依然抓住一切时机去抚摸，比如把尿时、洗澡时、洗完澡还来不及穿衣服时等等。妈妈打又不能打，骂又不敢骂，怕对他的幼小心灵造成伤害，真是一筹莫展啊!

很多父母发现宝宝"摸小鸡鸡"等行为后，都不知道该怎么办。其实，1~2岁的小宝宝都有这么一个过程，这是宝宝寻求感官乐趣的一种方式，是发育过程中的正常现象，并没有类似大人性幻想那样的心理因素。

总的来说，宝宝会去摸"小鸡鸡"主要有以下几方面的原因。

因为好奇

0~1岁的宝宝非常重视自己身体的感受和感觉，对他来说，"摸"和"吃"就是最重要的两种"思维"。偶尔发现生殖器后，出于好奇，宝宝可能会抚摸它作为一种游戏来玩。

不舒服

因为尿布或纸尿裤的束缚，让宝宝的生殖器发痒、发红等，当解下尿布时宝宝忍不住就会伸手去抓。

追寻快感

无论是大人还是孩子都会本能地追求快乐。当宝宝发现抚摩生殖器能产生快感，就会有意地用手接触，以寻求乐趣。

那么面对宝宝的这种行为时，家长应该怎么做呢?

首先，对症下药。如果是因为尿布的原因一定要注意及时给宝宝更换干净的尿布，便便之后要给宝宝清洗干净臀部，以免感染。

第二，给宝宝穿连裆裤，减少宝宝触摸的机会。

第三，转移宝宝的注意力。用宝宝感兴趣的事或物转移宝宝的注意力要比严厉的制止有用得多。因为如果总是制止他，有可能会强化这种行为，使他一直摸下去，也有可能让宝宝觉得羞耻、不安，并且和妈妈的关系也可能会渐渐紧张。而用一些宝宝非常感兴趣的玩具或者通过一起玩有趣的游戏来引起宝宝注意，他就会把注意力转移到别处去，慢慢地对自己的生殖器便不再感兴趣。

总之，家长应该给予宝宝足够的关注与爱抚，如亲吻、拥抱、抚摸等，不要让他感到孤独。让宝宝吃饱、睡足，时刻保持愉快的情绪。宝宝从生理上和心理上都得到满足了，自然就不再对此感兴趣了。

我爱洗澡VS我不洗澡

●宝宝不肯洗澡怎么办？

妈妈给刚出生的小宝宝洗澡，由于宝宝太小妈妈不好抱，一时紧张，动作也就更不熟练了。宝宝被吓得"哇哇"大哭，宝宝一哭，妈妈更紧张，好不容易洗完，妈妈迫不及待地想把宝宝放到床上，却一下子没控制好力度，宝宝从手中滑落到床上，"砰"的一声响，这下，宝宝哭得更厉害了……

试想一下，宝宝在经历了如此"刺激"的洗澡过程后，他还会爱上洗澡吗？

有的宝宝喜欢洗澡，有的宝宝却害怕洗澡，一接触水就哭，这是为什么呢？

宝宝害怕洗澡的原因很多，大部分是因为怕水——怕全身光溜溜地躺在水中没有安全感，而有这种惧怕心理的宝宝多半都曾有过与以上案例类似的经历。

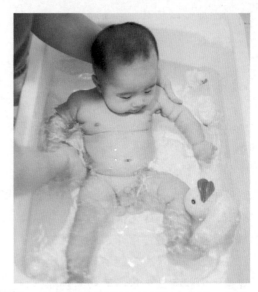

除此之外，比如妈妈没经验，不小心让宝宝呛了水；或者水温不合适，烫到了或凉到了宝宝；也可能仅仅是因为妈妈洗澡的动作稍微粗鲁了点，给宝宝留下了不舒服的触感……

等到宝宝稍大点了，不爱洗澡的原因就更复杂了。

宝宝把洗澡当成了游戏

对于宝宝来讲，他们原本并没有"洗澡"的概念，洗澡就是游戏，是戏水。所以，他们可能会坐在澡盆里乱扑腾，玩得起劲大概就不愿意出来了。但父母却大多是为了让孩子洗澡的想法而洗澡的，洗澡要洗得干净，有时间限制，水别撒出来等等。当成人的想法与宝宝的想法不一致的时候，宝宝自然对这件事带上了抗拒的心理。

洗澡的人换了

如果一直以来都是由妈妈给宝宝洗澡，后来突然换了奶奶来洗，宝宝便会觉得不舒服，这也是宝宝不爱洗澡的很关键的因素之一。

打断了进行中的游戏

宝宝玩兴正浓呢，突然被要求去洗澡。需求没有被满足的情况下，宝宝便会抗拒洗澡。类似的情况还有，在洗澡之前发生了不愉快，宝宝便借题发挥，以拒绝洗澡的方式来表达自己的情绪和不满。

那要怎么做才能让宝宝爱上洗澡呢？

首先，父母应该先学会换位思考

假如洗澡的是自己，会希望是什么样的感受？希望水是暖暖的、适宜的，希望有人在你的脊背上温柔地抚触着……如此一来，自然能够理解并尊重宝宝的需求。

其次，父母还要摸清宝宝的习性

了解宝宝喜欢在盆里放多少水？喜欢哪些玩具陪着他一块洗澡？喜欢家人帮着洗还是自己洗？如果他喜欢自己洗，那么，就让他自己洗，当然，家长一定要看护好。给他一些时间，可以自由地戏水，洗得好时也别忘了及时给予鼓励。

最后，带上游戏的心态去洗澡

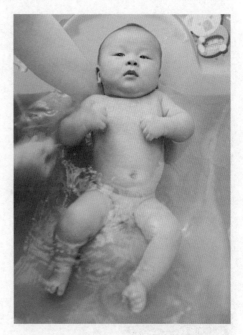

洗澡是一件轻松愉快的事情，家长给宝宝洗澡时最好也带上轻松愉悦的心态，不要一到洗澡时就如临大敌，整个过程也是紧张而迅速，那样相信没人会喜欢。给宝宝洗澡时，不妨玩一些小游戏或与他轻柔地交流一番，放松宝宝的心情，宝宝开心了，自然就不会再排斥，反而对每天的洗澡充满了期待。

●宝宝洗澡不肯起来该如何应对

有不愿意洗澡的宝宝，自然也有洗得忘乎所以不肯起来的宝宝。给宝宝洗澡基本上都要经历一个从不愿洗到愿意洗再到不肯起的曲折过程，而不肯起的原因相对简单得多，基本上都是因为水里玩具多、泡着舒服、玩水很开心等，所以不想那么快离开。

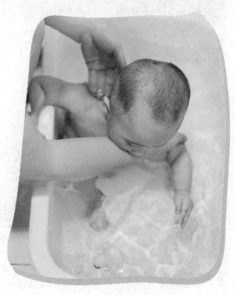

面对爱洗澡的宝宝。父母不妨放手让宝宝洗得久一些，当然，前提是保证水温适宜，别让宝宝感冒了。但也要注意把握好时间，一般来说宝宝洗澡的时间控制在15分钟之内比较好，夏天可以适当延长，但也尽量不要超过30分钟。在这期间父母要有意识地给宝宝"设限"。比如，提醒宝宝："还洗5分钟好吗？时间一到我们就起来。"这样在心理上给了宝宝一个缓冲的时间，让他比较容易接受。千万不能冷不丁就把宝宝抱起来，这样自然免不了一番哭闹。

●给宝宝洗澡时应注意哪些细节

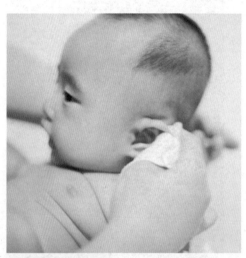

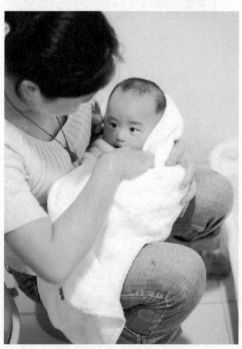

※冬天给宝宝洗澡前，可将浴巾与换洗衣物烘热，让宝宝更舒适。

※选择没有香味或者香味很淡的婴儿专用浴皂或浴液，功能越简单越好。但无需每次用，一周使用2~3次即可。

※夏天要勤给宝宝洗澡，冬天可根据宝宝是否出汗来平衡洗澡的次数。但即使不洗澡，每天都要给宝宝洗脸、洗脚，清洁脖子、屁股等处。

※清洗鼻子和耳朵时：只清洗你看得到的地方，不要试着去擦里面。

※给女宝宝洗澡时，不要分开宝宝的阴唇清洗，会妨碍可杀灭细菌的黏液流出。清洗外阴时，应由前往后清洗，预防来自肛门的细菌蔓延至阴道引起感染。

※给男宝宝洗澡时，不要过度地拉扯包皮，这样易撕伤或损伤。

※洗澡时间不要超过15分钟，特别是在寒冷的冬天，要尽快洗完，用大浴巾包裹住宝宝全身，免得受风着凉。

※不要把宝宝独自留在澡盆里，哪怕只有几秒钟也不行，他随时可能因为滑倒而溺水。

※往水里加热水时要先把宝宝抱起来，以免烫伤。

※不要当着宝宝的面拔掉澡盆的塞子。水流走及发出的声音都会让他害怕。

※抱宝宝出澡盆时，大人要挺直背部，让张力落到臀部上。

※浴室的地板应使用防滑地垫。

※在喷水口处安上一个橡胶防护套，以免宝宝碰伤头部。

※将锐利的器具从浴室拿走，如剃刀、剪刀等。沐浴用品最好放在一个带锁的成人专用柜橱，或位置较高的小壁橱里，以避免宝宝拿到。

睡得好VS睡不好

吃得好、睡得好，才会长得好——优质的睡眠对于宝宝来说是非常重要的！

宝宝的睡眠模式与大人的不同，归结起来可分为：深睡眠——浅睡眠——瞌睡状态——安静觉醒——觉醒五个阶段。

当爸爸妈妈试图将已经入睡的宝宝放下时，仍然处于浅睡眠状态的宝宝很容易惊醒。这时爸爸妈妈只要抱久一点，等他进入深睡眠后再放到床上，宝宝便不会醒来。

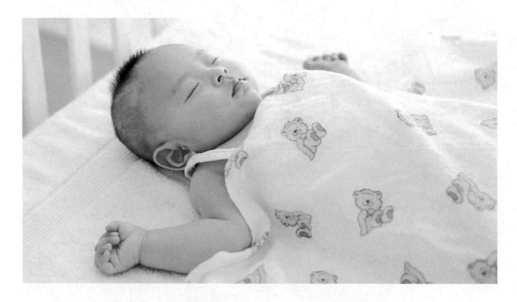

● 如何让宝宝乖乖入睡

大多数宝宝睡眠不好都跟睡眠缺乏规律性有关。想让宝宝乖乖地入睡，并且睡得好，可以从以下几个方面着手。

※白天休息好，晚上才睡得好。爸爸妈妈在白天很好地调理、照顾宝宝，可以让他在夜里的睡眠变得比较有规律。

※有规律的"小睡"。妈妈白天挑选一个宝宝比较累的时段，陪宝宝一起小睡，这可以让宝宝在夜里睡得踏实、长久。

※制定睡眠时间，遵循固定的睡前仪式，如洗澡、按摩、睡前小故事等。

※睡前吃饱，但不能撑着。

※睡前不要和宝宝玩太激烈的游戏，营造安静、祥和的睡眠氛围。

※给宝宝准备全棉睡衣，保持安全的睡眠姿势。

※爸爸妈妈呆在宝宝身边，他会更有安全感。可以抱着宝宝或依偎着他，陪他入睡。

※对于白天辛苦了一天的妈妈来说，爸爸哄宝宝入睡也是一个不错的方式。

※宝宝一般会在深度睡眠1~2个小时后转为浅度睡眠，此时易惊醒，妈妈要及时给予回应，可以轻轻地拍拍宝宝的后背，安抚他再次入睡。

● 宝宝跟爸妈睡好还是自己睡好

宝宝跟爸妈睡好还是自己睡好？这个问题恐怕没有标准的答案。其实不管是独睡还是合睡，只要宝宝和大人能够和谐共处，睡眠质量好就行。

独睡的优势

宝宝还是小婴孩时，为了建立宝宝对这个世界的安全感和依赖感，在晚上睡觉时需要有爸爸妈妈贴心地陪伴。但是，当宝宝上幼儿园，将要学习如何独立的时候，训练宝宝独睡将显得很关键。让宝宝独睡主要有以下几个优势。

※有利于宝宝身体健康

不睡在大人中间，宝宝呼吸的空气质量更好些，感染大人身上的病菌的机会也更少些。另外，不会受大人翻身、移动的影响。

※有利于培养内心独立

内心能否独立是婴幼儿能否正确认识自我的一项重要指标。研究表明，孩子的独立是从形式到内容的。让孩子适龄与父母分床，有助于独立意识和自理能力的培养，并可促进其心理成熟。

※有利于促进夫妻关系

家里增添了宝宝，生活的重心就都转移到了宝宝身上。由此，夫妻之间沟通、交流及相互关心比起以前少了许多。尤其是晚上，待宝宝入睡后，夫妇都已困倦不已，长期下去势必会影响夫妻感情。

合睡的优势

相信有许多宝宝与爸爸妈妈合睡，相对宝宝来说，与爸爸妈妈睡在一起，会更有安全感。宝宝与父母合睡有以下几个优点。

※宝宝可以更快入睡。

※宝宝睡得更好。

※方便母乳喂养，但一定要注意安全，不压伤宝宝，或因姿势不正确导致乳房堵住宝宝的口鼻。

※可以随时了解宝宝的需求并给予回应，避免了频繁起夜的劳累与辛苦。

※宝宝长得更快。有研究表明，与父母合睡的宝宝比独睡宝宝长得更快。

当然，不管宝宝有多么想和父母合睡，到了一定的年纪，还是要学着自己独睡。宝宝什么时候独睡最好？等他做好准备时！

在培养宝宝独睡的过程中，爸爸妈妈不能操之过急，以免适得其反。

把握分寸，循序渐进

当宝宝已经形成了和爸爸妈妈同睡的习惯，要分开时，千万不要急于求成，这样只会使宝宝对独自睡觉产生恐惧，难以克服。一定要把握分寸，循序渐进，逐渐适应。

坚持原则，不要放弃

当宝宝刚刚与爸爸妈妈分床或分房睡时，会出现反复现象，可能一转眼又跑到爸妈的大床上来了。此时，爸爸妈妈需要陪伴他、鼓励他重新独立入睡。

因事而异，灵活把握

当宝宝生病或遇到挫折时，他最需要爸爸妈妈的关心和安慰，这时可以让宝宝同睡，在满足他生理心理需求的同时，也方便爸爸妈妈随时照顾宝宝。

平静心理，淡然处之

有些宝宝半夜醒来会找妈妈，或许会撞到爸爸妈妈在亲热。这时，宝宝处于朦胧状态，并不会对你们的行为产生太大兴趣，所以爸爸妈妈要平静下来，尽快陪宝宝重新回到自己的房间，安抚他继续睡觉。相反，如果爸爸妈妈惊慌失措，对宝宝进行大声呵斥，反倒会令宝宝感到紧张而更清醒，更不利于宝宝重新入睡。

●宝宝是否睡得太多？

有的宝宝不管是白天还是晚上都睡得很好，每次吃奶几乎都要妈妈叫醒。妈妈因此担心：自己的宝宝是不是睡得太多了？

宝宝的睡眠模式是极其多变的。一般来说，性格温和的宝宝睡眠习惯比较好；而敏感、紧张的宝宝往往会频繁地醒来。睡眠习惯好的宝宝，妈妈会比较轻松。但那些睡得太多的宝宝可能不会主动地与父母互动，建议父母在白天给宝宝养成有规律的喂奶习惯，即每隔一段时间（3~4小时）就给他喂喂奶，交流一下。晚上父母则安心陪宝宝一起睡，除非他自己醒来要吃奶。

除此之外，针对睡得多的宝宝，要定期给宝宝体检，确保宝宝各方面都在稳步增长。如果成长有些迟缓，可以缩短每次喂奶的时间，让宝宝得到足够的营养。

●宝宝晚上为什么总是哭

"天惶惶，地惶惶，我家有个夜哭郎……"

YY的妈妈几乎要崩溃了，她家三个月大的宝宝一到晚上就哭，一哭起来就止不住，什么办法都不管用。半个月下来，不仅家人被弄得心力憔悴，连邻居都开始略有微词了。这样下去怎么得了？哭泣的宝宝，你到底想跟爸爸妈妈"说"什么呢？

宝宝晚上哭闹是一种很常见的现象，不可能完全避免，因为这与宝宝的脾气和特定发育阶段有关。但他的哭闹肯定也不是无缘无故的，父母应该多关注一下宝宝，尽量排除那些导致宝宝烦躁不安的因素。

身体因素

※出牙期疼痛。

※尿布湿了或脏了。

※睡衣材质不舒适。

※饥饿、鼻塞。

※太冷或太热。

环境因素

※不稳定的温度和湿度。

※空气中的刺激物，如烟雾、粉尘、毛绒玩具纤维等。

※冰冷的床和被子。

※突如其来的声响。

潜在的健康因素

※感冒。

※耳部感染。

※发烧。

※过敏或肠胃不适。

※蛲虫干扰。

※尿道感染。

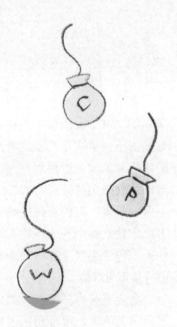

其他因素

　　除了以上因素外，分离焦虑、家庭氛围不和谐、宝宝的个性脾气等都会引起宝宝睡眠不安稳。爸爸妈妈可根据自己宝宝的表现来查找真正的原因，然后对症下药，解决宝宝夜哭的困扰。

Tips：蛲虫感染

　　蛲虫病是婴幼儿常见的寄生虫病之一。蛲虫为乳白色的小线虫，长约1厘米，它寄生在人体小肠下段至直肠。蛲虫的雌虫会在夜间爬至宝宝肛门附近产卵，此时宝宝会因为感到瘙痒而影响睡眠。如果宝宝每晚定时哭闹不睡，有可能是感染了蛲虫。要确定是否感染，爸爸妈妈可用一根冰棍棒，上面粘一层双面胶，压紧宝宝的肛门，这样可以"抓到"那些虫卵。

　　感染蛲虫后，由于瘙痒，宝宝可能抓破皮肤，造成发炎，少数女婴也可出现尿道炎、阴道炎。为了预防蛲虫感染，平时要注意以下几点。

※晚上睡前洗屁股。

※注意个人卫生：常剪指甲，不吮手指，饭前便后洗手。

※平时穿闭裆裤。

※一旦感染了蛲虫，也不要惊慌，可以擦蛲虫膏杀虫，或在医生的指导下服肠虫清、扑蛲灵。

● 宝宝夜哭可以不管么?

　　有的人以为小宝宝夜哭很正常,不哭才不正常,因而对之熟视无睹。其实这是很不科学很不严谨的育儿态度。爸爸妈妈对宝宝哭时置之不理的处理方式与一哭就喂奶的处理方式一样,是两个不同的极端。有的爸爸妈妈认为,要培养宝宝独立的个性就不能太迁就他,让他哭,等他哭累了自然就睡着了。这种方式是不可取的。

　　宝宝哭有许多原因,如果一味地放任他哭而不理,很容易错过宝宝夜醒的真正原因。比如,有的时候宝宝也许因为睡衣不舒服而哭,或者身体不舒服、有哪里疼痛……如果爸爸妈妈对此不管不顾,宝宝很可能会慢慢失去对爸爸妈妈的信任,而"理智"的爸爸妈妈也会逐渐丧失对宝宝的敏感性,父母与孩子之间的默契会越来越低。

　　正确的做法应该是以宝宝的需求来衡量,首先找出导致宝宝哭的原因。一般来说,宝宝晚上醒来哭一两次都是正常的,针对此类情况,妈妈可以及时用喂奶和安抚的方式来哄宝宝入睡。如果宝宝是因为过度依赖妈妈,需要频繁吃奶的话,可以让妈妈和宝宝暂时分开,改由爸爸来安抚宝宝。

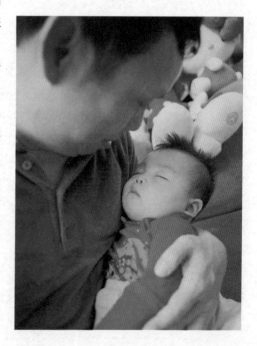

　　总之,不管宝宝是出于何种原因哭,爸爸妈妈都应该第一时间去回应他,这样才能建立良好的亲子关系,爸爸妈妈才能更了解自己的宝宝,从而知道该如何去安抚他、帮助他重新入睡。

●宝宝一定要抱着睡该怎么办？

楼下的宝宝小鱼快两个月了，白天睡觉的时候几乎都要妈妈抱在手里，而且还要抱着走动，一把他放到床上他就会醒来，动作再轻也没用。小鱼奶奶认为宝宝年纪还小，也不重，抱着就抱着吧。可是小鱼妈妈却不认同，如果宝宝一直这样，难道也要一直抱下去吗？

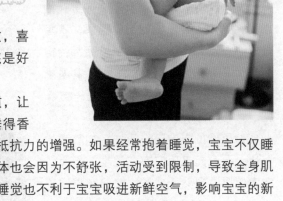

许多宝宝都有小鱼宝宝的习惯，喜欢被大人抱着睡，那么抱着睡到底是好还是不好呢？答案是——弊大于利！

宝宝需要培养良好的睡眠习惯，让宝宝躺在舒适的床上睡觉，不仅睡得香甜，也有利于心肺、骨骼的发育和抵抗力的增强。如果经常抱着睡觉，宝宝不仅睡得不深，影响睡眠的质量，他的身体也会因为不舒张，活动受到限制，导致全身肌肉都得不到足够的休息。而且抱着睡觉也不利于宝宝吸进新鲜空气，影响宝宝的新陈代谢；长此以往，宝宝会形成依赖，不利于宝宝养成独立生活的习惯。

那么，是什么原因让宝宝"放不下"呢？

宝宝本能的需求

渴望温暖、安定是所有宝宝的正常心理需求，妈妈的子宫正是温暖、安定的好场所，宝宝出生后自然也渴望得到爸爸妈妈细心的呵护，喜欢躺在他们温暖的怀抱中。对于宝宝的这种需求父母都应尽量满足，这也是培养亲子关系的好方式。但如果这种回应太过度了，比如，父母总是"爱不释手"，一天到晚将宝宝抱在怀里，连睡觉都舍不得放下。长此以往，宝宝肯定会有过分依赖的心理，最后演变成只有抱着才肯睡觉的坏习惯。

缺乏安全感

宝宝喜欢要人抱着睡正是他渴望父母关爱的表现，宝宝缺乏安全感，或者不能感受到爸爸妈妈充分的爱，就会怕一个人睡。家长平时要经常抚摸宝宝，不要让他感到孤单。

过于迁就、妥协

宝宝哭时大人应该及时给予回应，这是科学严谨的育儿态度，但有的父母不问青红皂白，不管宝宝因为什么原因哭，第一反应就是将宝宝搂在怀里轻拍或摇晃等。这会让宝宝产生误解，不管是尿布湿了还是饿了，只要一哭都会得到额外的拥抱，这种温暖是宝宝渴求的，自然不愿轻易放弃，于是一方迁就，另一方自然得寸进尺。

如果你的宝宝已经形成了抱着睡的习惯，要改起来确实有点困难，但为了宝宝健康、自然地成长，父母还是需要采取措施，努力将这个坏习惯纠正过来。当然，纠正需要一个过程，不是一蹴而就的，父母需要花更多的心思和时间去做。

※在床上铺些柔软的物品，如绒毯、毛巾被等，不要让熟睡中的宝宝突然接触到坚硬而冰冷的床面，这样更容易成功放下。

※等到宝宝睡熟后再放下。观察宝宝四肢是否自然下垂，手指是否放松地半张开着，这些特征可证明宝宝已经睡熟了。

※刚开始放下宝宝时，家人不要急于离开，可在旁边陪伴宝宝一起睡，这样能给予宝宝充分的温暖与安全感。

※"小心轻放"！把宝宝放到床上也要有技巧，先轻轻放下宝宝的下肢，再缓缓抽出垫在下肢下面的手，同时协助宝宝脖子后面的那只手，将宝宝的头安放在枕头上。如果此时宝宝突然惊醒，妈妈别急着抽手，不妨半抱着宝宝的上身侧躺在床上，陪宝宝再多呆一会儿，直到宝宝睡熟为止。

● 婴儿也会做噩梦么?

苗苗宝宝晚上老睡不好，总是半夜莫名其妙地惊醒，醒来就"哇哇"大哭，仿佛是做了个噩梦，受到很大惊吓似的，而且每次都要哄好久才能让宝宝再次入睡。难道这么小的宝宝就会做噩梦了么?

小婴儿也会做噩梦吗? 答案是肯定的。宝宝的睡眠周期在胎儿八个月左右就有了，有B超显示，胎儿在腹中眼球也有高速转动期，而眼球高速转动就代表着处于快波睡眠状态，即做梦状态。以此推测，即使是初生的宝宝都应该会做梦，只是我们无法得知他们的小脑袋到底梦到些什么。3岁以内的婴幼儿做梦的内容并不复杂，如果白天受惊吓、被责骂、严厉的管教、突发意外等，到睡觉时便容易有做噩梦的现象。

宝宝做噩梦时经常会从睡梦中忽然惊醒，接着号啕大哭，不敢马上入睡，常需要家长的安慰和陪伴才能睡着。此时家长应该立即给予他们精神慰藉，以帮助他们获得足够的安全感，从而放心重新进入睡眠状态。

需要注意的是，如果宝宝持续很长一段时间晚上都会做噩梦，且醒来之后长时间哭闹，父母应该考虑是否是由于宝宝身体健康上的因素引起的，如果身体没问题，宝宝却依然感到惊慌恐惧，很可能是因为宝宝承受了过多的压力，家长应该对症下药，给予宝宝更多的关爱，而不是过高的期望或过度的要求。

Tips：吓人的"夜间悚栗"

宝宝在睡眠中突然坐起大声嘶喊或说梦话，甚至呼吸、心跳加快又盗汗，两眼呆滞，叫他们也不回答——这种情况被称为"夜间悚栗"。大约有百分之五的儿童有过此现象，这和家族遗传有关，有小部分的孩子还可能出现梦游现象。这种情况一旦出现可能会吓到看护宝宝的人，老一辈的人甚至会认为宝宝是因为魂飞了，或被什么东西附身了等等。

其实父母没必要过分担心，因为这对宝宝本人没什么伤害性，且大部分只是偶尔发生一两次就很少再出现。因此，发现宝宝夜惊时，父母尽量不要强行打断宝宝，可以轻轻拍拍宝宝，给予他父母就在身边陪伴的安全感暗示，让宝宝尽量在梦中就平静下来。需要注意的是，如果宝宝出现梦游的情况，一定要照看好他，别让梦游者走出门外或遭受到硬物的碰撞。

三、宝宝喂养与辅食添加常见问题

　　提起宝宝的喂养，请相信！没有什么东西比母乳更适合的了！坚持母乳喂养是每位妈妈送给孩子最好的礼物！如果不是特别的原因，妈妈一定不要轻易放弃亲自哺育宝宝。

　　当然，等宝宝到了可以添加辅食的年龄段时，也别忘了及时科学地给宝宝准备营养美味的辅食。

喂养中的问题与解答

●宝宝为什么总是吃不饱？

　　妈妈发现自己的新生儿宝宝"肚量"特别大，一醒来就要吃，速度慢一点宝宝就不满地"哇哇"哭着抗议，一吃上奶马上止哭。等宝宝吃着吃着睡着了，妈妈刚想把他放到小床上去时他却又醒了，醒来又开始四处找吃的。妈妈困惑了——这宝宝为什么就老吃不饱呢？

新生宝宝吃不饱一般有以下几个因素。

妈妈奶水不足

新妈妈往往奶水不是很充足，要改变这个境况就需要宝宝多吸。妈妈多喂几次，让宝宝多吸，奶水自然会越来越多。需要注意的是，给宝宝喂奶时一定要掌握好正确的喂奶姿势，否则宝宝没办法吃到足够的奶，宝宝吃不饱的同时妈妈的奶水也只会越来越少。

按需喂养而不是按时

新生儿宝宝胃小，容量有限，一次不能吃太多，因此一般1~2小时他们就要起来吃一顿。有的妈妈认为宝宝2~3小时吃一顿才健康，严格按照时间规律来给宝宝哺乳，在此之前即使宝宝饿了也不管，这样一来宝宝自然不配合了。对于刚出生不久的宝宝应该按需哺乳，只要宝宝饿了就喂，不要怕麻烦，这样他才能健康地成长。

边吃边睡

许多宝宝有边吃边睡的习惯，有的宝宝是因为吃饱了所以睡着了；而有的宝宝则相反，他可能是因为吸得比较费劲，所以即使没吃饱也累得睡着了。对于这一类型的宝宝，妈妈除了平时多补充营养，让奶水充足以便宝宝顺利吸吮外，还应该果断将宝宝弄醒，直到让他吃饱为止，而且一旦吃饱马上撤出奶头，不要让宝宝养成含着奶头睡觉的坏习惯。

●宝宝咬乳头妈妈如何应对？

很多妈妈都有过给宝宝哺乳时被宝宝咬住乳头的经历。这时可以轻轻捏住宝宝的鼻子，宝宝就会将嘴松开了。

●宝宝不肯吸奶瓶怎么办？

产假到期了，妈妈马上就要重返工作岗位了。可是宝宝不肯吸奶瓶，妈妈该怎么办才好？

如果宝宝是纯母乳喂养，之前从未接触过奶瓶的话，要接受起来有一定的难度。所以，建议家长即使是喂母乳，平时也可以用奶瓶喂水，让宝宝多熟悉奶嘴与奶瓶的感觉。当然，要让宝宝完全接受奶瓶喂养，需要一个循序渐进的过程。

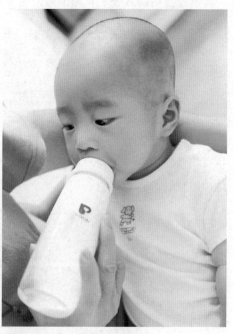

※挑选仿真的硅胶奶嘴，不妨多准备几个，找到对宝宝来说最接近母亲乳头的奶嘴。

※先把母乳挤在奶瓶里试着让宝宝吃，熟悉的味道宝宝相对不会那么排斥。

※采取母乳和奶瓶轮换的方式，将宝宝的进食时间分为早、中、晚三段。在中间的时段进行奶瓶尝试，这时的宝宝较容易接受新鲜事物。等宝宝熟悉奶瓶后再逐次替代。

※充满爱意地喂奶。不管是谁拿着奶瓶，一定不能忘记是你在喂奶。喂奶的时候别忘了跟宝宝进行一些交流，比如充满爱意地注视，或温柔地跟他说说话等。

需要注意的是，在让宝宝熟悉奶瓶的过程中，如果宝宝不愿意，可换个时间段，待宝宝状态好时再次尝试。千万不要强迫宝宝接受，否则会适得其反，让宝宝对奶瓶更抵触。

●宝宝太依赖奶瓶该怎么办？

宝宝快两岁了，平时每天喝三次奶：早、中、晚各一次，都是用奶瓶来喂，妈妈曾试着给宝宝换成杯子，可宝宝就是不肯接受，坚持要用奶瓶喝。妈妈听有经验的人说，长期依赖奶瓶会有许多严重的后果。该怎样帮助宝宝戒掉奶瓶呢？

宝宝为什么会依赖奶瓶呢？

宝宝过度依赖奶瓶主要有两种情况。

※一是为了获得满足感和安全感

宝宝喝奶时会获得很愉悦的满足感，且肚子也被填满，特别是当他学会了自己手捧奶瓶喝奶后，这种满足感更强烈。慢慢地，奶瓶不仅是食物的来源，更成为他精神的安慰物。

※另一种情况则是宝宝的需求得不到满足

　　心理专家认为，宝宝对某种物品产生依恋，有可能是因为他喜欢的东西没有得到满足。当一种需求得不到满足时，他就会以其他方式来满足自己，如依恋奶瓶的行为。

过度依赖奶瓶的危害

　　长期使用奶瓶对宝宝绝对有害无利。

※容易造成"奶瓶性蛀牙"和"奶嘴性牙齿"

　　"奶瓶性蛀牙"是因为奶液或果汁等甜味饮料都是酸性的，会侵蚀牙齿的保护层珐琅质，使牙齿表面粗糙、空洞化，最终出现蛀牙，间接或直接影响到以后牙齿的发育。"奶嘴性牙齿"即通常所说的"龅牙"。如果宝宝习惯含着奶嘴睡觉，久而久之，会造成牙齿和嘴唇变形，形成龅牙、地包天、切牙突出、上唇上翘、下唇悬挂、发音不准、说话漏风、马脸等不正常现象。

※过度利用奶瓶喂食会影响宝宝的咀嚼能力，造成营养不良

　　有的家长为了宝宝多进食和大人喂食方便，便把米粉、奶糊、蛋黄，甚至鱼肉等辅食都灌入奶瓶里，把奶瓶当作"喂食器"，让宝宝吸取。结果，宝宝错失练习咀嚼的机会，许多固体食物难以摄食，生长发育所需营养将无法足量供给，导致营养不良。

※年龄越大越难纠正，"与众不同"，影响宝宝心理健康

　　有的宝宝上幼儿园了还无法戒掉奶瓶，吃饭的时候，别的小朋友都开心地拿勺子吃饭，他只能孤单地吃保育员冲的奶粉、米糊。这样的"与众不同"和"另类"，可能会受到同龄伙伴的排斥，让宝宝产生自卑感，心理上受到伤害。

如何帮助宝宝戒掉奶瓶？

※明确奶瓶只是用来喝奶的，不要把奶瓶当成"喂食器"给宝宝喂食。

※宝宝哭闹时，不要用奶瓶哄他，使他产生依赖感。

※坚决不让宝宝含着奶嘴入睡。

※及时（6个月以后）让宝宝学习用杯子喝奶。

刚开始爸爸妈妈可以为宝宝换成不易破碎、有紧扣的盖子、小吸嘴、双把手的方便水杯，等宝宝适应后再过渡到普通水杯。这期间千万别让宝宝对方便水杯产生依赖。有调查表明，如果长期让宝宝用方便水杯饮用含糖分的饮料，其对牙齿造成的损害并不比奶瓶小。

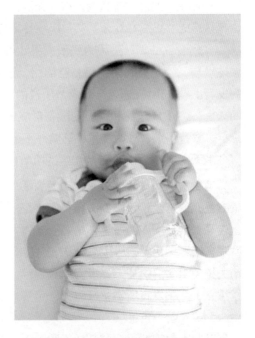

※做好榜样，鼓励宝宝模仿大人用杯子喝水或喝奶。

※持之以恒。

不要因为宝宝一哭一闹，就把奶瓶重新送回他的嘴边，以至于前功尽弃。

※特殊情况特殊对待。

少数宝宝吸吮的需求特别强烈，两岁了还不肯放弃奶瓶。对待这样的宝宝，要提供适合的环境，满足他的需求，同时作适当的诱导，使他慢慢接受杯子，切不可强迫。

※给予宝宝更多关爱与表扬。

※平时多关注宝宝，尽量满足宝宝的需求，让他不必要借用他物来满足。一旦宝宝做得好，一定要从正面鼓励宝宝，"我们的宝贝已经长大了，再也不需要小宝宝的奶瓶了"；"宝宝会自己端杯子喝水了，真能干！"这样他会感到自豪，觉得自己很了不起，因而更乐意坚持下去。

●什么时候断奶好？

　　根据美国小儿科医学会的建议，妈妈可持续哺乳到宝宝1岁以上。世界卫生组织则建议母乳喂养最好持续两年。实际上，当宝宝开始补充辅食时，妈妈乳汁的分泌也将逐渐减少。不过，即使到了喂养辅食的阶段，母乳仍是大部分的维生素、蛋白质、脂肪及消化酶素的来源之一，且可满足宝宝的精神安定。等到1~2岁后，宝宝逐渐开始与大人一样，进行正常的饮食，并且能从这些正常饮食中摄取到充分的营养。此时，宝宝对母乳的依赖会逐渐降低。在这种情况下就可以考虑给宝宝断奶了。

　　总的来说，何时断奶并没有一个确切的时间。但当怀下一胎时，可考虑让宝宝断奶，因为妈妈乳头受到刺激容易让子宫产生收缩，导致流产或早产的概率升高。

●安抚奶嘴用还是不用

许多父母都会给自己的小·宝宝准备一个安抚奶嘴。安抚奶嘴的最大作用就是满足宝宝非营养性吮吸，安抚宝宝的情绪。但近年来对于安抚奶嘴的反对之声也越来越激烈。安抚奶嘴到底用还是不用呢？

吮吸是宝宝与生俱来的、除了哭闹之外唯一的表达方式，爸爸妈妈常会看到宝宝吮吸奶头却不吃奶或吮吸手指的情况，这其实是宝宝在感知和了解这个世界。安抚奶嘴可以满足宝宝吮吸的需求，但有优也有劣，具体如何选择，父母可以根据宝宝的实际情况进行考虑。

优势

让宝宝得到安慰与满足

心理学专家认为，从宝宝出生到两岁左右进入口腔期。通过嘴巴的吸吮，会帮助宝宝转移紧张情绪，提升安全感。除了用营养性吸吮的方式帮助生长发育之外，更可经由吸吮的动作促进唇与舌头附近的触觉，进而得到满足感。

降低猝死的风险

安抚奶嘴可以降低婴儿猝死综合症的发生概率。这是因为，安抚奶嘴会让宝宝保持仰卧或者侧卧的睡姿，不会因为俯卧而增加猝死的概率。同时，吃安抚奶嘴会帮助宝宝习惯用鼻子呼吸，扼制细菌和粉尘进入口腔，有效地防止"病从口入"。

锻炼吸吮及吞咽的能力

吸吮安抚奶嘴可以帮助宝宝锻炼吸吮及吞咽的能力，特别是对低体重的早产儿，可帮助其口腔、肠胃蠕功能完善，同时达到自我安抚的功能。

弊端

容易形成依赖

从生理学角度来看，由于宝宝与生俱来的非条件反射、吮吸反射，会随着时间的推移逐渐消失，如果爸爸妈妈一直给宝宝含着奶嘴，无疑是在强化这一反射，久而久之会形成依赖。

引起宝宝乳头混淆

刚开始学吃奶的新生儿如果过多地吃安抚奶嘴，会引起乳头混淆，习惯了奶嘴再适应妈妈的乳头就比较困难了。

影响颌骨发育，形成不美观的嘴唇外观

长期使用安抚奶嘴，会影响宝宝上下颌骨的发育，导致上下牙齿咬合不正，形成不美观的嘴唇外观。

总之，给宝宝用安抚奶嘴有利亦有弊，爸爸妈妈要了解清楚宝宝是否真的需要安抚奶嘴。比起其他外物带给宝宝的安抚，爸爸妈妈的爱与陪伴更重要。

辅食添加进行时

●笑什么时候添加辅食好？

宝宝四个月了，每次看到爸爸妈妈吃东西他都非常感兴趣，目不转睛地盯着看，有时还会急切地探出身子，伸出小手，仿佛在对爸爸妈妈说："我也想吃，给我吃点吧！"看来，是时候给宝宝添加辅食啦！

当宝宝出现想伸手拿大人的食物以及看到食物会流口水、嘴巴咀嚼的样子等表现时，就表示宝宝想接受不一样的食物了，此时聪明的妈妈应该准备给宝宝添加美味的辅食了。

添加辅食很重要，因为除了奶水之外，日益成长的宝宝还需要另外吃些辅食来补充营养。辅食能提供更多元、更完整的各种营养，包括：热量、铁质与维生素，甚至是微量元素如锌、铜等。渐次给予不同种类的辅食，可让宝宝习惯多种口味，避免日后偏食。

此外，添加辅食可以慢慢训练宝宝的吞咽及咀嚼能力，6～12个月大的宝宝，正处于发展咀嚼与吞咽的关键期。对于宝宝来说，咀嚼与吞咽能力是需要学习的，如果没有练习，到了1岁以后就会拒绝尝试。即使肯吃，有时也会马上吐掉，造成喂食上的困难。

添加辅食的最佳时间是宝宝4～6个月的时候，此时的宝宝肠胃淀粉

酶及各种消化酶素已经开始分泌，消化及吸收功能已经逐渐成熟。但即使开始添加辅食，也应坚持喂母乳或配方奶，因为母乳或配方奶仍是1岁内宝宝的主要营养来源。

总之，给宝宝添加辅食要根据宝宝的食欲和消化能力来安排。如宝宝食欲很好，吃过母乳或牛乳后食欲仍很强，对这样的宝宝就不必拘于年龄，应果断添加适宜的食物；相反，如果宝宝喝牛奶还消化不良，那就晚一点添加辅食。添加辅食的过程中，如果遇到宝宝患病时，应酌情暂停添加新的辅食。

●辅食添加原则

原则一：与宝宝的月龄相适应

过早添加辅食，宝宝会因消化功能尚欠成熟而出现呕吐和腹泻的现象，消化功能发生紊乱；过晚添加会造成宝宝营养不良，甚至会因此拒吃非乳类的流质食品。其次，辅食添加太早使母乳吸收量相对减少，而母乳的营养是最好的，这样的替代结果得不偿失。

原则二：营造一个轻松愉快的进餐氛围

给宝宝喂辅食时，首先要营造一个快乐和谐的进食环境，最好选在宝宝心情愉快和清醒的时候喂食。宝宝表示不愿吃时，千万不可强迫宝宝进食。

原则三：辅食要鲜嫩、卫生、口感好

给宝宝制作食物时，不要注重营养忽视了口感，这样不仅会影响宝宝的味觉发育，为日后挑食埋下隐患，还可能使宝宝对辅食产生厌恶，影响营养的摄取。

原则四：从稀到稠，从细到粗

最开始给宝宝添加辅食时，先给宝宝喂流质食物，食物颗粒要小，口感嫩滑，锻炼宝宝的吞咽功能。在宝宝快要长牙或正在长牙时，可逐渐把食物的颗粒做粗大，变为半流质食物，最后发展到固体食物。这样有利于促进宝宝牙齿生长，并锻炼他的咀嚼能力。

原则五：从少量到多量

每次给宝宝添加新的辅食时，量不能大，注意观察宝宝的接受程度。如果宝宝大便正常，无其他不适应的情况，就可以逐渐增加喂食的分量。但不能马上以辅食替代乳类。

Tips：辅食添加顺序

从种类上选择

应按"淀粉（谷物）→蔬菜→水果→动物"的顺序来添加。添加时要按从单一到多样的顺序进行，初次添加时不要同时给宝宝吃两三种食物。

从数量上安排

应按由少到多的顺序，一开始只是给宝宝试吃与品尝，或者说在喂奶之后试吃一点，在宝宝适应后逐渐增加。

辅食的质地

液体（如米糊、菜水、果汁等）；

泥糊（如浓米糊、菜泥、肉泥、鱼泥、蛋黄等）；

固体（如软饭、烂面条、小馒头片等）。

●宝宝用舌头顶出食物是不是表示不喜欢吃呢？

妈妈们可能都有这样的经历：第一次给宝宝喂辅食时，勺子刚伸进宝宝嘴里，下一秒宝宝就将食物顶了出来。这是宝宝在抗拒新食物吗？是不是还没到给宝宝添加辅食的时候啊？

宝宝用舌头顶出食物，可能只是一种反射动作，不代表宝宝不喜欢吃这些食物。

心理学家的研究指出，婴幼儿开始尝试新鲜事物，至少需要8~10次的接触与品尝才会接受，所以如果宝宝一开始不接受辅食，不要只有一次两次尝试失败就放弃。刚开始喂食时，可以用汤匙轻轻碰宝宝的下唇，引导他张开嘴巴，然后将汤匙放置在下唇上方，等宝宝接受后，再轻轻取出汤匙。有时宝宝不会闭上嘴巴，或者会用舌头把食物推出，妈妈可以自己示范给他看，并且多重复几次。

只要事前有心理准备，多点耐心给宝宝时间练习，他会好好的吞下去的。

●宝宝不肯吃饭该怎么办？

宝宝最近吃饭很不"给力"，每餐特意给他做的美食他吃个一两勺就再不愿碰了，有时想强迫喂他多吃点也会遭到剧烈的反抗。这样下去会不会影响身体的发育啊？

不肯吃饭的原因

宝宝不爱吃饭的原因有很多，排除身体健康方面的因素，以下原因比较多见。

※人工喂养不定量，或喂得过频过多。

※不按比例配制奶液，奶液冲配得过浓、喂的次数和分量过多。

※未及时添加辅食。很多家长认为奶粉营养高，宝宝6个月了还未及时给宝宝添加米面、菜泥、鱼肉等辅食，也不减少奶量，导致宝宝到1岁时虽已长出牙齿，却不肯咀嚼，仍拒吃米面、蔬菜、肉类食物。

※太早让宝宝吃喝各种饮料，吃糖、油炸食物等零食。

※家长过分精细喂养，总给宝宝吃高蛋白、高糖食品，反而很少让宝宝吃健康的粗粮。这样容易引起宝宝偏食。

※进食不定时，饭前吃过多零食，到了正餐时也就不会有饥饿感，不想吃饭。

※天气炎热，食欲降低。

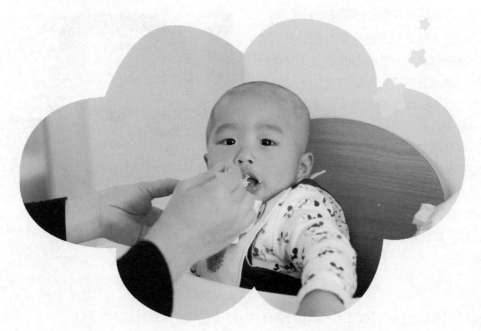

如何解决

针对宝宝不想吃饭的现状，家长应该怎么做才好呢？

首先，应该了解一个总原则：宝宝与大人一样，食欲时好时差都是正常的。给宝宝喂饭不能按统一的"标准"进行，只要宝宝各方面发育正常，吃多或吃少父母都不要太在意。

如果宝宝不想吃饭不在这个原则以内，则可以试着尝试以下几种方法。

※和宝宝一起吃。宝宝是通过观察和模仿自己的父母，来学习吃他们不熟悉的食物。

※称赞你正在吃的东西。父母的榜样作用是很重要的，如果你说食物好吃，宝宝会更愿意尝试它们。

※食物不仅要有营养，还要尽量迎合宝宝的口味，将外形做得更可爱，色香味俱全。

※一次不要给太多，将食物分成小份，一次给一点，宝宝吃完再加。

※让宝宝自己吃。尽量给宝宝提供可以用手抓的食物，宝宝喜欢自己用手抓着食物吃。

※多表扬，少批评。如果宝宝确实不想吃，不要勉强，把剩下的食物收走。

※在安静放松的环境下吃饭，不要让宝宝一边看电视、玩游戏或玩玩具，一边吃饭，因为这些东西会转移他的注意力。

※养成定时、定量的进餐习惯。把用餐时间限制在20～30分钟内，过了这个时间，就收走碗筷，别让宝宝边吃边玩。饭余时不要给宝宝吃零食，尤其是甜味的零食。

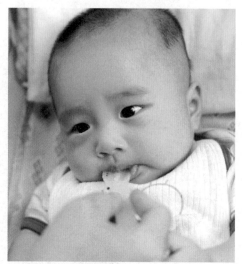

※不时给宝宝"换花样"，每餐都是一成不变的菜式宝宝肯定不爱吃。

※大点的宝宝，可以带他一起去采购食物，再大一些可以让宝宝加入餐前准备的工作，如摆餐桌，这会鼓励宝宝更积极地吃饭。

●哪些食物不适合给宝宝做辅食

高纤维食材：如竹笋、牛蒡、空心菜梗等，宝宝比较不容易吞咽。

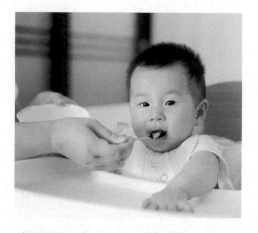

腌制品食材：辅食的烹煮应以少油、少盐为主，口味过重、含有过多化学添加物的食物如腌制物、蜜饯等，对宝宝的肾脏来说是一大负担。

硬度高食材：如花枝、鱿鱼等不容易煮烂的食物，很难让宝宝吞咽。

刺激性食材：辣椒、姜、胡椒、芥末等都不适合给年幼的宝宝食用。

油炸食物：如油条、油饼、炸糕等。一方面是因为这类食品不易消化，另一方面，食品经过油炸后，营养素损失较多，经常食用这类食物对宝宝的健康没有好处。

坚果类食品：如整颗花生、瓜子和各种豆类。这些食品脂肪含量高，质地坚硬，宝宝不易嚼碎，不易消化，而且体积小，一不注意就有可能被宝宝呛入气管，给宝宝带来痛苦，甚至危及生命。

　　有刺激性或含咖啡因的食物：如酒类、咖啡、浓茶及辛辣食品等。

　　罐头食品：这些食品中往往含有防腐剂，经常食用对宝宝的健康危害极大。

●吃下去没有吸收还要继续吃么？

　　新鲜清甜的玉米上市了，妈妈第一时间买下来，煮熟给宝宝吃。宝宝也对这个新鲜的食物非常感兴趣，很快就啃完了一小个。可第二天，让妈妈担心的事情发生了，宝宝拉出来的便便中竟然都是一粒一粒的玉米。宝宝没办法消化玉米，以后还能给他吃么？

　　爸爸妈妈有时会发现，喂给宝宝吃的食物，又完好如初地从便便中排出，这是怎么回事呢？

　　有些食物确实会在吃进去后会完好如初地从便便中排出来，像胡萝卜、金针菇、玉米粒等，虽然看起来令人担心，但其实是正常的现象。因为宝宝胃肠还未完全成熟，对于高纤维食物难以消化，但只要大便没有出现不寻常的现象，例如腹泻，都不需要太担心。如果宝宝愿意吃，就应继续喂食。

图书在版编目(CIP)数据

"婴语"密码/王慎明编著. -- 成都:成都时代

出版社, 2013.6

ISBN 978-7-5464-0880-4

Ⅰ.①婴… Ⅱ.①王… Ⅲ.①婴幼儿-哺育-基本知

识 Ⅳ.①TS976.31

中国版本图书馆CIP数据核字(2013)第038185号

"婴语"密码

YINGYU MIMA

王慎明 编著

出 品 人	段后雷　罗　晓	
责 任 编 辑	张慧敏	
责 任 校 对	邢　飞	
装 帧 设 计	◎中映良品（0755）26740502	
责 任 印 制	干燕飞	

出 版 发 行	成都时代出版社
电　　话	（028）86621237（编辑部）
	（028）86615250（发行部）
网　　址	www.chengdusd.com
印　　刷	深圳市华信图文印务有限公司
规　　格	787mm×1092mm　1/16
印　　张	11
字　　数	190千
版　　次	2013年6月第1版
印　　次	2013年6月第1次印刷
印　　数	1-15000
书　　号	ISBN 978-7-5464-0880-4
定　　价	29.80元